D. G. Cooper

Das Periodensystem
der Elemente

Übersetzt und bearbeitet
von Walter Littke

Verlag Chemie · Physik Verlag

Der Titel der Originalausgabe lautet:
The Periodic Table
Fourth Edition
erschienen bei Butterworth & Co. (Publishers) Ltd., London, 1968
© Butterworth & Co. (Publishers) Ltd. 1968

Desmond Grosvenor Cooper, B. Sc., F.R.I.C.
Head of the Science Department
Birkenhead Technical College
England

1. Auflage 1972

1. Nachdruck, 1976, der 1. Auflage 1972

Verlagsredaktion: Dr. Hans F. Ebel

Dieses Buch enthält 12 Abbildungen und 28 Tabellen

CIP-Kurztitelaufnahme der Deutschen Bibliothek

Cooper, Desmond G.
Das Periodensystem der Elemente / übers. u. bearb. von Walter Littke. —
1. Nachdr. d. 1. Aufl. 1972. — Weinheim: Verlag Chemie; Weinheim:
Physik Verlag, 1976.
(taschentext; 6)
Einheitssacht.: The periodic table ⟨dt.⟩.
ISBN 3-527-21006-7 (Verlag Chemie)
ISBN 3-87664-506-9 (Physik Verlag)
NE: Littke, Walter [Bearb.]

Satz: Rheinhessische Druckwerkstätte, D-6508 Alzey. Druck: Schwetzinger
Verlagsdruckerei GmbH, D-6830 Schwetzingen. Buchbinder: Buchbinderei
Aloys Gräf, D-6900 Heidelberg. Umschlaggestaltung: Weisbrod Werbung,
D-6943 Birkenau.
Printed in Germany

Zum Geleit

Durch das Periodensystem der Elemente, wie es von *Lothar Meyer,* *Mendelejew* und anderen in der zweiten Hälfte des letzten Jahrhunderts entwickelt wurde, ließen sich die chemischen Elemente erstmals systematisch ordnen und nach ihren Eigenschaften in Gruppen zusammenfassen. Die Bedeutung dieser Ordnung reichte über die eines bloßen Klassifizierungsschemas weit hinaus, erwies es sich doch bald als möglich, die Existenz noch unbekannter Elemente vorauszusagen, ja die Eigenschaften ihrer Verbindungen mit ziemlicher Sicherheit anzugeben. Späterhin begann man zu verstehen, worauf das Periodensystem basierte, und es entwickelte sich die Einsicht in die Valenzeigenschaften der Elemente und die Natur der chemischen Bindung. Der systematische Ausbau der Anorganischen Chemie wäre ohne das Periodensystem als Leitprinzip nicht denkbar gewesen, und auch in neuerer Zeit gehen von der durch das Periodensystem geschaffenen Ordnung wichtige Impulse bei der Erschließung neuerer Gebiete der Forschung aus.

Der Student sollte zu einem möglichst frühen Zeitpunkt des Studiums mit den Grundlagen seines Faches vertraut werden, ohne sich mit einer Unmenge an Einzelinformationen zu überlasten. In diesem Sinne ist *Coopers* Buch über das Periodensystem in seiner klaren und gut lesbaren Darstellung als eine wertvolle Bereicherung der Chemiker-Ausbildung anzusehen. Das Buch kann für die Verwendung auf der Oberstufe der Gymnasien und für die ersten Hochschulsemester wärmstens empfohlen werden.

The University of Liverpool   C. E. H. Bawn

Vorwort

Der Fortschritt der Naturwissenschaften vollzieht sich in drei Etappen: Zuerst werden Beobachtungen gewonnen, dann sucht man, die vielen Einzelbeobachtungen durch eine Theorie zu verknüpfen, und schließlich werden aus der Theorie Schlußfolgerungen gezogen, die sich wiederum an der Erfahrung bewähren müssen. Der Wunsch steht dabei nach möglichst einfachen und umfassenden Theorien, wenn sich dieses Ziel auch in vielen Zweigen der Wissenschaft nur unvollkommen erreichen läßt.

Die Chemie wirkt auf den, der sich erstmals mit ihr befaßt, zunächst als eine ungeheure Menge von scheinbar zusammenhanglosen Fakten, die sich nur mit einem ungewöhnlichen Gedächtnisaufwand bewältigen lassen und das weitere Eindringen erschweren. Erst wenn die „Wand", die sich da aufbaut, überwunden ist, beginnt man, hinter den vielen Tatsachen das System, die logische Verknüpfung zu erkennen. Man muß es der Ausbildung vielerorts auch heute noch zum Vorwurf machen, daß eine solche Verständnisbarriere überhaupt erst entsteht — das müßte nämlich nicht notwendig sein. Allein schon die Trennung der Chemie in „Anorganische" und „Organische" wirkt sich in diesem Sinne ungünstig aus, da sie die in der Atomtheorie begründete gemeinsame Grundlage nicht klar genug hervortreten läßt.

Studenten, die schon etwas mit der Materie vertraut geworden sind, gewinnen oft den Eindruck, die Organische Chemie sei systematischer als die Anorganische. Das rührt daher, daß eine klare Systematik der Anorganischen Chemie allerdings nicht möglich ist ohne eine fundierte Kenntnis der Atomtheorie und ihrer Anwendung auf das Periodensystem. Das Verständnis dafür verlangt dem Studenten mehr ab als die Erkenntnis der Zusammenhänge der Organischen Chemie, und so bleibt die Anorganische Chemie für viele, was sie in Wirklichkeit nicht ist: eine Kuriositätensammlung.

Um den mißlichen Zustand abbauen zu helfen, wurde dieses kleine Buch über das Periodensystem der Elemente und seine Beziehungen zur Atomtheorie geschrieben. Denn hier liegt das logische Fundament der Anorganischen Chemie, auf dem sich alle Tatsachen in vernünftige Beziehung zueinander bringen lassen. Dabei wurde keine wie auch immer geartete Vollständigkeit angestrebt, vielmehr wurde auf die Auswahl und Verwendung einer relativ geringen Zahl von Einzel-informationen Wert gelegt.

Zuerst wird das Periodensystem als Ganzes vorgestellt. Danach werden die einzelnen Gruppen nacheinander besprochen. Neben den konven-tionellen Gruppennummern werden die Bezeichnungen s-, p- usw. Elemente benutzt.

Am Schluß werden einige speziellere Themen, die den Studenten manchmal Schwierigkeiten bereiten, behandelt.

Für die 3. und die jetzt vorliegende 4. englische Auflage wurden zum Teil einschneidende Überarbeitungen vorgenommen. Ganz kurz wird nunmehr in die Orbitaltheorie eingeführt, um das Periodensystem in seiner heutigen Form noch besser verständlich zu machen.

Das Buch hat bislang einen guten Anklang gefunden; für Anregungen zur weiteren Verbesserung ist der Autor jederzeit dankbar.

Besonderen Dank schuldet der Autor den Kollegen vom Birkenhead Technical College für ihre zahlreichen Anregungen und die Durchsicht des Manuskripts.   D. G. C.

Vorwort des Übersetzers zur deutschen Ausgabe

In der deutschsprachigen Fachliteratur gibt es über das Perioden-system und alle damit in Verbindung stehenden Fakten keine ver-gleichbare prägnante Zusammenfassung von derartiger Geschlossenheit, wie sie in Coopers Buch präsentiert wird. In der Darstellung sind die fundamentalen Dinge klar ausgearbeitet, und die aufgezählten Einzel-tatsachen dienen lediglich zur Bestätigung der Gesetzmäßigkeiten und somit zum Verständnis der Einzeltatsachen selbst. Dadurch wird insbesondere dem Studienanfänger der Chemie geholfen, wesentliche Dinge von unwichtigen zu unterscheiden.

Bei der Übertragung des Textes wurde die alte Übersetzerregel „wörtlich wenn möglich, frei wenn nötig" weitgehend streng eingehalten. Trotzdem ließ es sich aber nicht vermeiden, mehrere Stellen neu zu formulieren und zusätzliche Anmerkungen anzubringen, um die inhaltliche Klarheit zu erhalten und zu erweitern.

So möge der didaktisch wertvolle Gehalt des kleinen Buches einer möglichst breiten Schicht von Studierenden der Naturwissenschaften an unseren Hochschulen von Nutzen sein.

Freiburg i. Br., Sommer 1971

Walter Littke

Inhalt

1. Das Periodensystem

1.1. Allgemeines

In den ersten Kapiteln dieses kleinen Buches wird das Periodensystem als Gesamtgebilde betrachtet, um später ein leichteres Verständnis der einzelnen Zusammenhänge vermitteln zu können. Nach Erklärung der Struktur, der Stärken und Schwächen des Systems erfolgt eine analytische Aufgliederung, und die einzelnen Elemente werden gruppenweise besprochen.

Schon vor *Mendelejew* hatte man versucht, die chemischen Elemente in der Reihenfolge ihrer Atomgewichte systematisch in einer Tabelle zu ordnen und zu klassifizieren. Der russische Gelehrte erkannte schließlich aufgrund derartiger Anordnungen periodische Gesetzmäßigkeiten der Elementeigenschaften und formulierte sie klar und deutlich. Diese Gesetzmäßigkeiten ermöglichten ihm, physikalische und chemische Eigenschaften von noch nicht entdeckten Elementen und deren Verbindungen ziemlich genau vorherzusagen. Bei seinen Voraussagen nutzte er die Tatsache, daß verwandte Elemente in vertikaler Anordnung in einer spezifischen *Gruppe* eingereiht waren, während die in horizontalen Zeilen oder *Perioden* angeordneten Elemente stark in ihren Eigenschaften voneinander abwichen. Im Laufe der Zeit wurden für das sich ergebende *Periodensystem*[1] verschiedene Schreibweisen emp-

---

[1] Anmerkung des Übersetzers: Die gleichzeitig und unabhängig von *L. Meyer* und *D. J. Mendelejew* 1869 aufgestellte Tabelle nennt man Periodensystem der Elemente. Die senkrechten Folgen in der Tabelle sind die Gruppen, die waagrechten die Perioden. Die Bezifferung der Perioden ist in der Literatur bis heute nicht einheitlich. Da zur ersten Periode nur die Elemente Wasserstoff und Helium gehören und der Wasserstoff, wie später gezeigt wird, außerdem mehreren Gruppen zugeordnet werden kann, liegt hier keine periodisch gesetzmäßige Änderung der Eigenschaften für die beiden Elemente vor,

fohlen; man schlug sogar Karten und dreidimensionale Modelle vor. Auf der Ausklapptafel am Schluß des Buches ist eine heute allgemein gebräuchliche Form des Langperiodensystems angegeben. Sie ist nach dem Aufbau der Elektronenschalen der einzelnen Elemente zusammengesetzt und wird in dieser Anordnung allgemein empfohlen.

Die Elemente zeigen in ihren physikalischen und chemischen Eigenschaften strenge *Periodizität;* so beginnen beim horizontalen Übergang von den Alkalimetallen zu den Halogenen hin die Dichten und Schmelzpunkte mit niedrigen Werten, steigen dann an, erreichen ein Maximum und fallen schließlich annähernd kontinuierlich auf ein Minimum ab.

Trägt man die *Atomvolumina*[2] gegen die *Ordnungszahlen* in einem Diagramm auf, dann erhält man einen zur Dichte inversen Kurvenverlauf: Die Alkalimetalle haben sehr hohe Werte, während die Elemente in der Mitte jeder Periode sehr tiefe Werte besitzen. In aufeinanderfolgenden Perioden zeigen sich diese Änderungen in gesetzmäßiger Weise (s. Abb. 1).

Das Atomvolumen, eine physikalische Größe, hat demnach tiefgreifende Einflüsse auf die chemischen Eigenschaften der Elemente. Trägt man die Atomvolumina nicht wie in Abb. 1 für alle Elemente, sondern nur für die einzelnen Gruppen gegen die Ordnungszahlen auf, so treten die charakteristischen Beziehungen innerhalb der Gruppen und Untergruppen besonders deutlich hervor (s. Abb. 2a und 2b).

Es ist üblich, die Größe von Atomen und Ionen durch *Atomradien* bzw. *Ionenradien* anzugeben, obwohl die Teilchen in ihren Elektronenhüllen

---

ganz im Gegensatz zu den Elementen der folgenden Perioden. Aus diesem Grund bezeichnen viele Autoren erst die zweite Reihe mit den Elementen Lithium bis Neon als erste Periode. Diese Auffassung ist wohl bedingt richtig, jedoch vom Standpunkt der Elektronenkonfiguration her nicht haltbar, da jede Periode einer Elektronenschale entspricht. Die Elemente Wasserstoff und Helium bilden demnach die erste Periode.

[2] Anmerkung des Übersetzers: Als Atomvolumen bezeichnet man das von einem Grammatom eines Elementes im festen Aggregatzustand eingenommene Volumen. Man erhält es als Quotient aus der Masse eines Grammatoms und der Dichte; seine Dimension ist also definitionsgemäß [cm³/Grammatom].

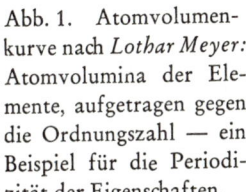 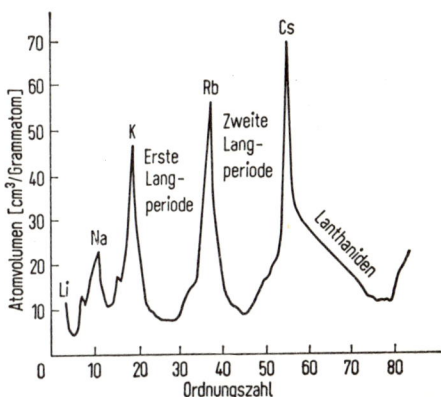

Abb. 1. Atomvolumenkurve nach *Lothar Meyer:* Atomvolumina der Elemente, aufgetragen gegen die Ordnungszahl — ein Beispiel für die Periodizität der Eigenschaften.

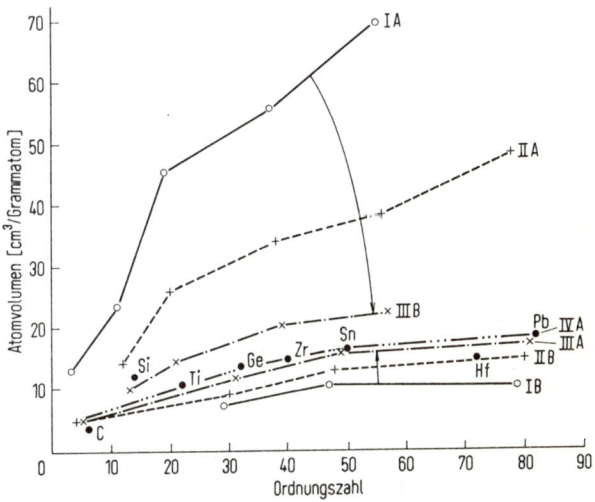

Abb. 2 a. Beziehung zwischen Atomvolumen und Ordnungszahl für die Gruppen I bis IV. Die Elemente der Gruppe IV sind durch Punkte markiert.

nach außen hin nicht scharf abgegrenzt sind. Durch Beugung von
Röntgen-, Neutronen- oder Elektronenstrahlen an Kristallen lassen
sich die Radien aber mit hoher Genauigkeit bestimmen, da Atome und
Ionen in Kristallgittern annähernd als ideale starre Kugeln vorliegen.

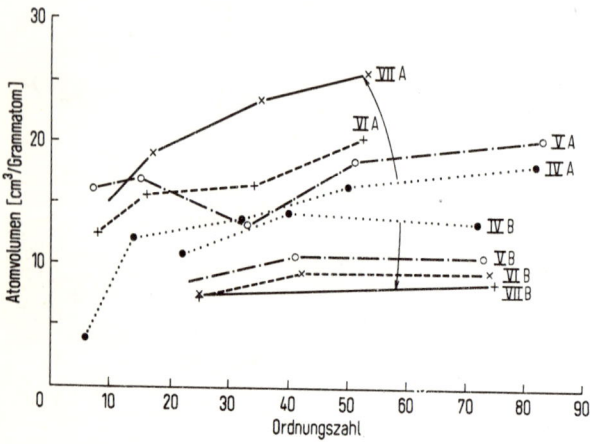

Abb. 2 b.   Beziehung zwischen Atomvolumen und Ordnungszahl für die
Gruppen IV bis VII.

Das Volumen v eines Atoms oder Ions, das seinerseits über die Lo-
schmidt-Zahl mit dem Atom-(Ionen)volumen verknüpft ist, ist somit
durch den Radius r nach $v = 4/3\,\pi\,r^3$ festgelegt. Die in Abb. 1 zum
Ausdruck kommenden Gesetzmäßigkeiten bleiben also erhalten, gleich-
gültig, ob die Atomvolumina, die Volumina der einzelnen Atome oder
die Atomradien (oder die entsprechenden Größen für Ionen) betrachtet
werden.

In Abb. 3 sind die Atomradien sowie die Radien der aus den entsprechenden Atomen gebildeten Ionen gegen die Ordnungszahlen aufgetragen. Man kann daraus entnehmen, daß Kationen immer kleiner und
Anionen immer größer sind als die zugehörigen neutralen Atome. Die
besprochene gesetzmäßige Abfolge der Atomgrößen wurde von Lothar

Meyer entdeckt und hat für die Theorie der chemischen Bindung sowie für die Kristallstrukturlehre grundlegende Bedeutung gefunden.

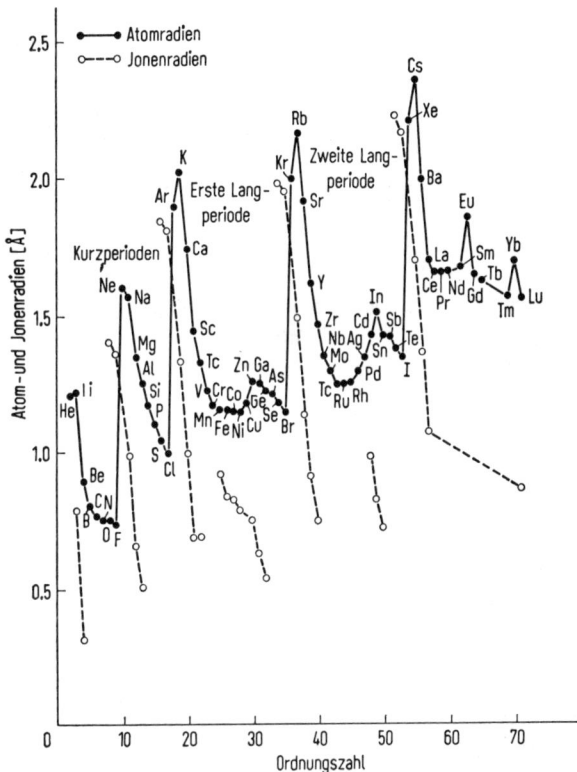

Abb. 3.   Atom- und Ionenradien in Abhängigkeit von der Ordnungszahl.

Zu den wohl charakteristischsten Merkmalen innerhalb der Perioden zählen die Valenzunterschiede[3] der Elemente. In den beiden Kurz-

---

[3] Anmerkung des Übersetzers: Der Begriff *Valenz* oder *Wertigkeit* wird hier gleichbedeutend mit *Oxidationszahl* benutzt. Die Oxidationszahl (Oxidationsstufe) eines Atoms, das sich in einem Atomverband befindet, gibt Größe und

perioden[4] entspricht die beständigste *Oxidationsstufe* der Gruppennummer N — die hier identisch ist mit der Anzahl der Elektronen in
der äußersten Elektronenschale (vgl. auch S. 60 f) — bzw. bei höherer
Gruppenzahl der Differenz N — 8, da die Elemente immer die stabile
Elektronenkonfiguration des nächstliegenden *Edelgases* anstreben. Es
sei jedoch schon hier darauf hingewiesen, daß die Edelgase nicht vollkommen stabil und inert sind. Auch sie können unter gewissen Bedingungen zu chemischen Reaktionen gebracht werden (S. 59). Bei den
Langperioden besitzt jedes in der Nähe eines Edelgases stehende Element meist nur eine besonders beständige Oxidationsstufe, die nach
dem genannten Schema den Wert N oder N — 8 hat. Davon unterscheiden sich die zentral gelegenen Elemente der Langperioden; sie
können verschiedene stabile Oxidationszahlen annehmen. Außerdem
erreichen sie die Edelgaskonfiguration nicht, es sei denn durch koordinative Bindung. In später folgenden Kapiteln wird darauf noch näher
eingegangen.

Bei den zentral liegenden Elementen können Wertigkeitsänderungen
verhältnismäßig leicht durch Oxidation oder Reduktion bewirkt werden. Die maximal erreichbaren Wertigkeitsstufen entsprechen der jeweiligen Gruppennummer (S. 99 f.).

Vorzeichen der elektrischen Ladung an, die dem betreffenden Atom zuzuschreiben wäre, wenn man die Elektronen den einzelnen Atomen des Ver-
bandes in bestimmter Weise zuteilte. Unter der Wertigkeit verstand man ursprünglich die Anzahl der von einem bestimmten Atom gebundenen oder die
durch dieses Atom ersetzten Wasserstoffatome. Unscharf gebraucht man diesen Ausdruck zum Teil auch heute noch in der chemischen Literatur, obgleich
er inzwischen zu einem Sammelbegriff für Ionenwertigkeit, Oxidationszahl,
kovalente Wertigkeit und Koordinationszahl geworden ist. Zur sprachlichen
Auflockerung wird er auch hier öfters verwendet. Er bedeutet dann ausschließlich Oxidationszahl.

[4] Anmerkung des Übersetzers: Die zweite und dritte Periode (Li bis Ne und
Na bis Ar) enthält nur je 8 Elemente. Man nennt sie deshalb *Kurzperioden.*
Es folgen dann die drei *Langperioden* von K bis Kr, von Rb bis Xe und von
Cs bis Rn. Die vierte Langperiode bricht mit dem Element 104, Kurtscha-
tovium, ab.

Als weitere, sich periodisch verändernde chemische Eigenschaft ist die Neigung zur Abgabe oder Aufnahme von Elektronen zu nennen. Sie kann durch Messung und Berechnung der *Ionisierungsenergien*[5] und der *Elektronenaffinitäten*[5] erfaßt werden. Elemente mit kleiner Gruppenzahl enthalten in ihren Valenzschalen wenig Elektronen (Valenzelektronen). Sie geben diese Elektronen leicht ab und gehen dabei in positiv geladene Ionen über. Solche Elemente sind elektropositiv[6], d. h. metallisch. Ihre Hydroxide sind basisch ($MOH \rightarrow M^+ + OH^-$). Elemente mit höherer Gruppennummer sind weniger elektropositiv. Die Elemente der Gruppen VII und VI können schließlich durch Aufnahme von einem bzw. zwei Elektronen in elektrisch negativ geladene Ionen übergeführt werden. Ihre Oxide sind sauer und ergeben bei der Umsetzung mit Wasser Säuren. Elemente aus mittleren Gruppen führen nicht mehr zu Verbindungen mit einfacher Ionenbindung, sondern meist zu Derivaten mit vorwiegend kovalenter Bindung[7]. Ihre Oxide können amphoter, neutral oder schwach sauer sein.

---

[5] Anmerkung des Übersetzers: Die *Ionisierungsenergie* (Ionisationspotential) ist die Energie, welche zur vollständigen Abtrennung des am wenigsten fest gebundenen Elektrons eines Atoms oder Ions aufzuwenden ist. Die mit der Aufnahme eines Elektrons durch ein neutrales Atom verbundene Energie bezeichnet man als *Elektronenaffinität*.

[6] Anmerkung des Übersetzers: Die Fähigkeit der einzelnen Elemente, Bindungselektronen anzuziehen, läßt sich in Zahlen ausdrücken und ist ein Maß für den partiellen Ionencharakter der Bindung. Man bezeichnet die Anziehungskraft für Elektronen in kovalenter Bindung als *Elektronegativität* des betreffenden Elements. Ein komplementäres Maß für den gegenteiligen Effekt bezeichnet man dementsprechend als *Elektropositivität*. Dieser Begriff spielt eine untergeordnete Rolle, da er indirekt aus der Elektronegativität entnommen werden kann: Je geringer die Elektronegativität eines Elementes, desto größer seine Elektropositivität und umgekehrt.

[7] Anmerkung des Übersetzers: Die *Ionenbindung* beruht auf den starken elektrostatischen Anziehungskräften, die zwischen Kationen und Anionen wirksam sind.
Die *kovalente Bindung* dagegen kommt durch ein Elektronenpaar, welches zwei Atomen gemeinsam angehört und dabei spezifische („chemische") Bindungskräfte vermittelt, zustande.

Die Elektropositivität oder Elektronegativität[6] der einzelnen Elemente wird nicht nur von der Gruppennummer beherrscht. Vielmehr besteht auch eine Tendenz dahingehend, daß die Abgabe von Elektronen bei großen Atomen leichter erfolgt als bei kleinen. Mit steigendem Atomgewicht nehmen innerhalb einer Gruppe die Atomradien zu. Die Elektropositivität und somit die Tendenz, Valenzelektronen abzugeben, steigt in derselben Reihenfolge an. Bei Elementen der mittleren Gruppen und insbesondere bei Übergangselementen ist diese Eigenschaft dagegen kaum ausgeprägt; hier bleibt die Elektropositivität innerhalb einer Gruppe mit zunehmenden Atomgewichten annähernd konstant (S. 96).

Aus den beiden beschriebenen Effekten, nämlich der Änderung der Elektropositivität beim Übergang innerhalb einer Periode einerseits, sowie beim Übergang innerhalb ein und derselben Gruppe andererseits, resultieren die sogenannten *Schrägbeziehungen:* Ein Element (z. B. Be) kann in seinen Eigenschaften einem zweiten Element (z. B. Al), das eine Gruppennummer höher und eine Periode tiefer steht als das erste, äußerst ähnlich sein.

Die tieferen Zusammenhänge innerhalb des Periodensystems sind durch die atomaren Strukturen der Elemente gegeben. Die einzelnen Perioden entsprechen den am Aufbau der Elemente beteiligten *Elektronenschalen,* die — im Atommodell von innen nach außen — mit den Symbolen K, L, M ... belegt werden und denen die *Hauptquantenzahlen* 1, 2, 3, ... zugeordnet sind: Die erste Periode entspricht der Auffüllung der K-Schale, die zweite der L-Schale usw. Mit den Bezeichnungen „s", „p" usw. werden Untergruppierungen innerhalb der Elektronenschalen benannt, die den einzelnen *Orbitalen*[8] entsprechen und jeweils durch bestimmte *Nebenquantenzahlen* charakterisiert sind[8]. Die erste Schale (K-Schale) kann nicht in Unterschalen unterteilt werden, da sie selbst nur aus einem Orbital, dem 1 s-Orbital, besteht. Dieses 1 s-

---

[8] Anmerkung des Übersetzers: Die Orbital-Darstellung ist hier in vereinfachter Form wiedergegeben. Ursprünglich bezeichnete man mit *atomic orbitals* die Wellenfunktionen, welche die stationären Zustände des Elektrons beschreiben. Nähere Einzelheiten darüber mögen aus einschlägigen Lehrbüchern entnommen werden.

Orbital ist sphärisch aufgebaut und kann maximal zwei Elektronen mit antiparalleler Spinanordnung aufnehmen. Jedes Orbital kann insgesamt zwei Elektronen einbauen, deren Spinanordnungen antiparallel sind. Die zweite Elektronenschale enthält ein s-Orbital mit zwei Elektronen und drei p-Orbitale mit insgesamt sechs Elektronen. Die drei p-Orbitale sind gerichtet und liegen auf den Achsen eines orthogonalen Koordinatensystems. Die dritte Schale (M-Schale) enthält ein s-Orbital, drei p-Orbitale und fünf d-Orbitale; in den fünf d-Orbitalen finden insgesamt zehn Elektronen Platz. Die vierte Schale ist analog aufgebaut, nur kommen hier noch sieben f-Orbitale hinzu; die sieben f-Orbitale sind mit maximal vierzehn Elektronen besetzt[9]. Folgende Tabelle gibt den Aufbau der ersten vier Elektronenschalen (K-, L-, M- und N-Schale) wieder:

Schale	Orbitalverteilung				Summe der Orbitale	Summe der Elektronen
	s	p	d	f		
1	1	—	—	—	1	2
2	1	3	—	—	4	8
3	1	3	5	—	9	18
4	1	3	5	7	16	32

Zur besseren Übersicht kann man Orbitale als Kreise darstellen. Das s- und die drei p-Orbitale der L-Schale würde man demnach folgendermaßen wiedergeben: O OOO. Die Auffüllung der Orbitale wird durch Pfeile dargestellt, wobei die Spinrichtung des jeweiligen Elektrons durch die Pfeilrichtung symbolisiert wird. Im folgenden Schema ist die Auffüllung der L-Schale wiedergegeben:

---

[9] Die Bezeichungen der Orbitale entstammen der Spektroskopie: s = scharfe Nebenserie, p = Prinzipalserie, d = diffuse Nebenserie und f = Fundamentalserie. Elektronenübergänge von den bezeichneten Orbitalen führen zu diesen Spektralserien.

Ordnungszahl		2s	2p	
3	Lithium	⊙	○ ○ ○	} s-Elemente
4	Beryllium	⊛	○ ○ ○	
5	Bor	⊛	⊙ ○ ○	
6	Kohlenstoff	⊛	⊙ ⊙ ○	
7	Stickstoff	⊛	⊙ ⊙ ⊙	} p-Elemente
8	Sauerstoff	⊛	⊛ ⊙ ⊙	
9	Fluor	⊛	⊛ ⊛ ⊙	
10	Neon	⊛	⊛ ⊛ ⊛	

Man sieht, daß Kohlenstoff und Stickstoff zwei bzw. drei nichtge-
paarte Elektronen in den p-Orbitalen enthalten. Eine Vollbesetzung
der Orbitale mit Elektronen antiparallelen Spins erfolgt erst dann,
wenn alle verfügbaren Orbitale schon je ein Elektron enthalten *(Prinzip
der größtmöglichen Multiplizität* nach *Hund).*
Die Anzahl der in einer Periode enthaltenen Elemente stimmt demnach
mit der Gesamtzahl der in der betreffenden Schale eingebauten Elektronen bei Vollbesetzung überein. So befinden sich z. B. in der aufge-
füllten vierten Schale (N-Schale) zwei s-, sechs p-, zehn d- und vierzehn
f-Elektronen, also insgesamt 32 Elektronen; die vierte Periode enthält
somit 32 Elemente. Die Auffüllung der Schalen erfolgt stufenweise und
diskontinuierlich, d. h. es werden zum Teil Elektronen in nächsthöhere
Schalen eingebaut, obgleich die niedrigeren noch nicht vollständig besetzt sind. Man kann die Verteilung der Elektronen auf die Orbitale
(Elektronenkonfiguration) im einzelnen angeben, indem man zuerst
die Schale (Hauptquantenzahl) bezeichnet, anschließend die Symbole
der Orbitale (Nebenquantenzahl) aufführt und diesen die Anzahl der
auf ihnen befindlichen Elektronen anhängt. Die Elektronenkonfigura-
tion von Xenon ist nach dieser Nomenklatur $1s^2 2s^2 2p^6 3s^2 3p^6 3d^{10} 4s^2 4p^6$-
$4d^{10} 5s^2 5p^6$. Der Diskontinuität bei der Auffüllung liegen energetische
Prinzipien zugrunde, da die einzelnen Orbitale bestimmten Energieniveaus entsprechen. Zuerst werden immer die Orbitale mit dem niedrigsten Energieniveau besetzt, d. h. die Auffüllung beginnt bei den 1s-,
2s- und 2p-Orbitalen, erstreckt sich dann bei den Elementen 11 bis 18

auf die 3s- und 3p-Orbitale und beginnt beim Element 19 nicht mehr sinngemäß mit den 3d-Orbitalen, sondern mit dem 4s-Orbital, da das 4s-Orbital energetisch tiefer liegt als die 3d-Orbitale. Die Elektronenbesetzung läuft also streng parallel mit den monoton ansteigenden Energieniveaus.

Man kann sich die Reihenfolge, in der die Orbitale gefüllt werden, leicht anhand des in Abb. 4 wiedergegebenen Schemas[10] merken; sie ist von links nach rechts und in Pfeilrichtung zu lesen.

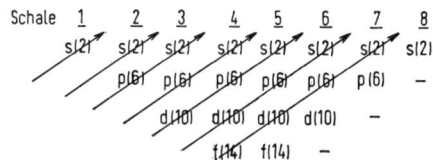

Abb. 4. Reihenfolge der Orbitalbesetzung.

Nach den Regeln der Orbitalauffüllung zu schließen, müßten bei vervollständigter siebenter Periode insgesamt 118 Elemente existieren. Diese Zahl ist aber nur hypothetisch, da die Elemente ab Uran wegen zu hoher Kernladung instabil sind, radioaktiv zerfallen und deshalb in der Natur nicht mehr oder nur noch spurenweise zu finden sind. Zum leichteren Verständnis sind die Elektronenkonfigurationen der beiden Außenschalen für das Element 19 (Kalium) und einige anschließende Elemente in folgender Darstellung wiedergegeben:

			3d	4s	
19	Kalium	(3s² und 3p⁶ sind besetzt)	○ ○ ○ ○ ○	⊕	} s-Elemente
20	Calcium	(3s² und 3p⁶ sind besetzt)	○ ○ ○ ○ ○	⊕⊕	
21	Scandium	(3s² und 3p⁶ sind besetzt)	⊕ ○ ○ ○ ○	⊕⊕	} d-Elemente
22	Titan	(3s² und 3p⁶ sind besetzt)	⊕ ⊕ ○ ○ ○	⊕⊕	

Das 4s-Orbital wird, wie schon erwähnt, aus energetischen Gründen vor den 3d-Orbitalen besetzt, und diese wiederum werden vor den

---

[10] Anmerkung des Übersetzers: Bei einigen Elementen treten Abweichungen von diesem Schema ein (vgl. Elektronenkonfigurationstabelle am Ende des Buches).

4p-Orbitalen aufgefüllt. Bei den Elementen 21 bis 29 (Scandium bis Kupfer) bleibt die Konfiguration der Valenzschale annähernd unverändert (über geringfügige Änderungen wird später berichtet), und die Elektronen werden in die fünf 3d-Orbitale eingebaut. Man bezeichnet sie als *Übergangselemente* und reiht sie im Periodensystem unter die d-Elemente ein. Übergangselemente besitzen spezifische Eigenschaften, die bei anderen Elementen nicht oder nur selten anzutreffen sind; dies kann mit Hilfe der Elektronenkonfiguration erklärt werden. Als Hauptmerkmal der atomaren Feinstruktur bei den Übergangselementen sind die unvollständig besetzten inneren Elektronenschalen zu erwähnen (S. 99 f.).

Die Folge der d-Elemente endet mit der Zinkgruppe; nach der soeben gegebenen Definition (unvollständig besetzte innere Schalen) sowie aufgrund ihrer Eigenschaften können die Elemente dieser Gruppe nicht mehr als Übergangselemente bezeichnet werden. Zink hat vollständig besetzte 3d- und 4s-Niveaus. Das Element hat wegen der abgesättigten 3d-Orbitale nur eine Oxidationsstufe. Seine Ionen sind farblos, und es liegt keine katalytische Aktivität vor. Die Tendenz zur Komplexbildung ist dagegen sehr ausgeprägt. Die Position der Zinkgruppe innerhalb der Übergangsmetalle entspricht der Stellung der Edelgase unter den p-Elementen: Beide Gruppen bilden zwar die Endglieder einer charakteristischen Reihe, zählen aber selbst nicht mehr dazu.

Die s- und p-Elemente werden zweckmäßigerweise in vertikaler Anordnung gruppenweise als „Familien" zusammengefaßt. Jede Gruppe enthält verwandte Elemente mit sehr ähnlichen Eigenschaften. Bei den Übergangselementen führen dagegen solche vertikalen Zusammenfassungen zu weniger Erfolg, obgleich sie für gewisse Probleme auch hier sinnvoll sein können; Vergleiche innerhalb horizontal angeordneter Reihen sind meist viel ergiebiger. So ändern sich zahlreiche physikalische Eigenschaften der Übergangselemente innerhalb einer Reihe nur sehr langsam, d. h. die Elemente besitzen große Ähnlichkeit.

Die f-Elemente werden im Periodensystem nicht zu den d-Elementen geschrieben, obgleich sie mit diesen gemeinsame Eigenschaften besitzen. Man bezeichnet sie als *Innere Übergangselemente*, weil die f-Orbitale der drittäußersten Schale aufgefüllt werden und einige Orbitale der zweitäußersten Schale schon besetzt sind. Bei den Lanthaniden erfolgt der Elektroneneinbau ins 4f-, bei den Actiniden ins 5f-Niveau (S. 87); die Actiniden enthalten die durch künstliche Elementumwandlung darstellbaren Transurane.

1.2. Die Regeln nach *Fajans* und die Schrägbeziehungen im Periodensystem

Mit Hilfe der *Fajans*schen Regeln kann die Schrägbeziehung zweier Elemente im Periodensystem erklärt werden. Die beiden Regeln befassen sich mit der Frage, unter welchen Bedingungen Ionen-(elektrovalente, heteropolare, polare) oder kovalente (homöopolare, unpolare) Bindungen entstehen und wann eine metallische Bindung auftritt.

Die erste Regel besagt, daß die Entstehung kovalenter Bindungen mit der Anzahl der vom Atom aufzunehmenden oder abzugebenden Elektronen begünstigt wird. Die Existenz hochgeladener Ionen ist somit erschwert oder unmöglich. Wird ein Elektron von einem Atom aufgenommen (oder abgegeben), dann muß ein zweites Elektron bei seiner Aufnahme (oder Abgabe) die beim Transfer des ersten Elektrons entstandene Ladung überwinden. Ein Elektronentransfer wird also um so mehr erschwert, je mehr Elektronen zuvor schon übertragen worden sind. In diesem Fall erfolgt die Bildung von kovalenten Bindungen um so leichter.

Die zweite Regel beschreibt die besondere Beständigkeit der Ionenbindung bei großen Kationen oder kleinen Anionen. Bei Atomen mit großen Radien wirken auf die Elektronen der äußersten Schale nur noch schwache Kernanziehungskräfte. Eine Elektronenabgabe, d. h. der Übergang des Atoms in ein Kation, erfordert demnach nur geringe Energien und erfolgt leicht. Umgekehrt wird die Elektronenaufnahme, d. h. die Bildung von Anionen, bei kleinen Atomen begünstigt, weil durch die geringe Entfernung der Valenzschale vom Kern die Valenzelektronen starken Coulombkräften unterworfen sind.

Die Wirkung der ersten Regel beim Übergang von Gruppe I zu Gruppe II wird durch die Wirkung der zweiten Regel beim Übergang von der 1. Periode zur 2. Periode annähernd kompensiert. Die drei be-

kanntesten Beispiele hierfür sind aus folgender Darstellung zu entnehmen:

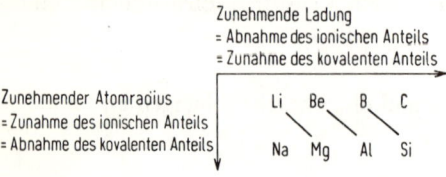

Lithium unterscheidet sich deshalb in manchen Eigenschaften deutlich
von Natrium und gleicht mehr dem Magnesium. Als Beispiele hierfür
seien die geringe Temperaturbeständigkeit des Nitrats und Carbonats,
die geringe Wasserlöslichkeit des Fluorids, Hydroxids, Carbonats und
Phosphats, die starke Neigung zur Hydratbildung der Salze sowie die
Affinität zu Kohlenstoff und Stickstoff erwähnt.

Beryllium ist dem Aluminium so ähnlich, daß man ursprünglich ver-
mutete, das Element wäre dreibindig. Beide Metalle verhalten sich
gegenüber Säuren und Laugen fast gleich; ihre Oxide und Hydroxide
sind amphoter. Von beiden Elementen kennt man Verbindungen mit
vorwiegend kovalentem Bindungsanteil. Die leichte Hydrolysierbarkeit der Salze ist eine weitere gemeinsame Eigenschaft. Berylliumchlorid
hat als Katalysator bei *Friedel-Crafts*-Reaktionen annähernd dieselbe
Wirkung wie Aluminiumchlorid. Als Hauptunterscheidungsmerkmale
beider Metalle werden meist deren *Koordinationszahlen*[11] genannt.
Die maximale Koordinationszahl für Aluminium ist 6, für Beryllium 4.
Ferner hydratisiert das Beryllium-Ion mit 4 H_2O; die Hydratations-
stufe des Aluminium-Ions kann größer sein.

Auch Bor und Silicium sind verwandt. Beide Elemente sind reaktions-
träge, haben hohe Schmelzpunkte und reagieren stärker mit Laugen
(wenn auch langsam) als mit Säuren. Ihre festen, glasartigen, nicht-
flüchtigen Oxide sind Säureanhydride. Auch Borate und Silicate besitzen gemeinsame Eigenschaften. Die leicht flüchtigen Hydride sind

---

[11] Anmerkung des Übersetzers: Die *Koordinationszahl* gibt die Anzahl der
in der Koordinationssphäre an ein Zentralion gebundenen Liganden an.

bezüglich Darstellung, Hydrolysierbarkeit und sonstigem Reaktionsverhalten ebenfalls verwandt. Sowohl Boride als auch Silicide können nicht geschmolzen werden und zeigen hohe chemische Resistenz. Die sublimierbaren und leicht zu hydrolysierenden Halogenide haben kovalente Bindungen.

Den erwähnten Effekt mit all seinen zahlreichen Beispielen bezeichnet man als *Schrägbeziehung*. Schrägbeziehungen können auch noch zwischen anderen, hier nicht aufgeführten Elementen vorliegen. Die Trennungslinie zwischen Metallen und Nichtmetallen verläuft diagonal, d. h. in Richtung der Schrägbeziehung; auf dieser Linie liegen zahlreiche Halbmetalle. In den hier nicht genannten Fällen ist die diagonale Verwandtschaft nicht so ausgeprägt, wie die Ähnlichkeit der Elemente innerhalb der Gruppen. Dagegen ist die Beziehung von Beryllium zu Aluminium, wie schon beschrieben, viel stärker als zu den innerhalb der Gruppe stehenden Elementen Magnesium und Zink. Auch zwischen Bor und Silicium liegt eine größere Ähnlichkeit vor als zwischen Bor und Aluminium oder Gallium.

1.3. Das Ionenpotential

Der heteropolare Anteil einer Bindung wird, wie schon erwähnt, durch geringe Ladung und großen Radius des an der Bindung beteiligten Kations stark begünstigt. *Cartledge* versuchte, diese beiden Faktoren durch eine Gleichung auszudrücken, und definierte aus der Ladung z des Kations und dessen Radius r das

$$\text{Ionenpotential } \Phi = \frac{z}{r} \cdot$$

Er verglich die Ergebnisse für zahlreiche Metalle miteinander und fand, daß ein Metalloxid basisch reagiert, wenn $\sqrt{\Phi}$ kleiner als 2,2 ist. Bei Werten zwischen 2,2 und 3,2 liegen amphotere und bei einem höheren Wert als 3,2 saure Oxide vor.

1.4. Die Stellung des Wasserstoffs im Periodensystem

Über die Einordnung des Wasserstoffs ins Periodensystem wurde schon viel diskutiert, und man schrieb ihn sowohl über die Alkalimetalle als auch über die Halogene. Diese beiden Gruppen sind so extrem, daß die genannte Schreibweise sehr oberflächlich zu sein scheint.

Wasserstoff kann wie die Alkalimetalle in die kationische Form übergeführt werden und hat wie diese die Oxidationszahl $+ 1$. H^+ existiert jedoch im Gegensatz zu Na^+, K^+ usw.[12] nur in der hydratisierten Form des Hydroxonium-Ions, H_3O^+, auch $H_2O \rightarrow H^+$ geschrieben. HCl hat ganz andere Eigenschaften als NaCl. Strukturell scheinen die Alkalimetallatome große Ähnlichkeit mit dem Wasserstoffatom zu haben, da sich jeweils ein Elektron in der äußersten besetzten Schale befindet. Aber das Wasserstoffatom besitzt insgesamt nur ein Elektron und hat keine inneren Schalen. Deshalb ist das Proton in Lösung nicht frei beständig, und Wasserstoff ist schwächer elektropositiv als Lithium. Als Element kommt der Wasserstoff diatomar-molekular vor; dies ist auch bei den Halogenen der Fall. Die Bindung ist jeweils kovalent. Ferner existiert das den Halogeniden analoge Hydrid-Anion. Somit ist eine gewisse Verwandtschaft zwischen Wasserstoff und den Halogenen nicht ganz von der Hand zu weisen. Die physikalischen Eigenschaften von HCl, HBr usw. liegen zwischen denen von H_2 und den entsprechenden Halogenmolekülen Cl_2, Br_2 usw. Das Hydrid-Ion, H^-, ist in Wasser nicht beständig, weil spontan eine Reaktion unter Bildung von H_2 eintritt. Eine Stabilisierung durch Hydratation ist hier nicht möglich. Wasserstoff hat in jedem Fall eine viel geringere Elektronenaffinität als die Halogene; deshalb ist das Hydrid-Ion im Gegensatz zu den Halogenid-Ionen viel seltener, energiereicher und wird weniger leicht gebildet. Formell gleicht das Hydrid-Ion dem Hydroxid-Ion, HO^-, und dem Hypochlorit-Ion, ClO^-. Das Wasserstoffatom benötigt ein Elektron, um die stabile Edelgaskonfiguration des Heliums zu erreichen. Diese Konfiguration liegt beim Hydrid-Ion zwar vor, doch das

---

[12] In Lösung sind Metallkationen normalerweise auch hydratisiert; die Hydratationsenergie ist aber im Falle des H^+ noch sehr viel größer.

hohe Verhältnis von zwei Elektronen zu einem Proton, wie es bei keinem anderen Anion besteht, beeinträchtigt die Stabilität.

In bestimmten Eigenschaften wie Ionisierungsenergie oder Elektronenaffinität zeigt Wasserstoff eine gewisse Verwandtschaft zu Kohlenstoff und anderen Elementen der IV. Gruppe. Dies wird durch die organischen Verbindungen bestätigt, denn die C-H-Bindung ist weniger polar als eine Bindung zwischen Kohlenstoff und irgendeinem anderen Element. Es sei darauf hingewiesen, daß sowohl bei Wasserstoff (K-Schale) als auch bei Kohlenstoff (L-Schale) Halbbesetzung in der Valenzschale vorliegt. Nach diesen Befunden könnte man Wasserstoff mit gleicher Berechtigung auch oberhalb der IV. Gruppe einordnen. Keine der drei beschriebenen Zuordnungen, die nur bedingt Gültigkeit besitzen, ist demnach voll gerechtfertigt.

1.5. Das Inerte Elektronenpaar

Zwei Elektronen einer Valenzschale bezeichnet man als *inertes Paar*[13], wenn sie weder zur Vervollständigung eines Oktetts beitragen, noch chemische Bindungen betätigen. Davon ist das *nichtbindende Elektronenpaar* zu unterscheiden: Es wird nicht zur kovalenten chemischen Bindung beansprucht, beteiligt sich aber am Elektronenoktett. Das nicht in Bindungen einbezogene („freie") Elektronenpaar am N-Atom des Ammoniaks, NH_3, möge als Beispiel hierfür genügen.

Inerte Elektronenpaare findet man meist bei schweren Elementen. Man erkennt sie an ihrer Wirkung: Die stabilste Oxidationsstufe der betreffenden Elemente liegt zwei Einheiten unterhalb der Maximalwertigkeit (Gruppenwertigkeit). So kennt man vom Thallium zwar die dreiwer-

---

[13] Anmerkung des Übersetzers: Die Bezeichnung *inertes Elektronenpaar* ist im deutschen Schrifttum wenig gebräuchlich. Die wörtliche Übersetzung des englischen Ausdrucks *inert pair* wird im folgenden Text trotzdem beibehalten. Das Inerte Elektronenpaar ist, wie später gezeigt wird (S. 41, 44, 47 u. 85), für die Stabilität bestimmter niedriger Wertigkeitsstufen verantwortlich, obgleich es über die eigentlichen Ursachen nichts aussagt. Die Bezeichnung bezieht sich lediglich auf die geringe Neigung eines s-Elektronenpaares, sich an der Bindungsbildung zu beteiligen.

tige Form, doch die einwertige Stufe ist die stabilere. Die Oxidationsstufen von Zinn und Blei betragen zwei oder vier, doch bei Blei überwiegt die Zweiwertigkeit gegenüber der Vierwertigkeit stark. Dreiwertiges Wismut ist viel beständiger als fünfwertiges usw.

Die Elemente mit inertem Elektronenpaar sind im Periodensystem
ungefähr in Dreiecksform angeordnet, wie folgende Abbildung zeigt.
Man findet sie unter den A- und B-Gruppen-Elementen, und zwar in
den ersten Perioden nur bei hoher Gruppennummer und innerhalb der
letzten Periode auch bei niedriger Gruppennummer. Die schräg ver-
laufende Begrenzungslinie (Hypotenuse des Dreiecks) beginnt mit
Quecksilber (die effektive Wertigkeit des relativ edlen Quecksilber ist
Null) und verläuft über Indium und Germanium zum Schwefel.

			VA	VIA	VIIA
			P	S	Cl
IIB	IIIA	IVA			
Zn	Ga	Ge	As	Se	Br
Cd	In	Sn	Sb	Te	I
Hg	Tl	Pb	Bi	Po	At

Schwefel und Chlor scheinen ihren Eigenschaften nach ebenfalls inerte
Elektronenpaare zu besitzen, die bei einigen ihrer Verbindungen noch
zusätzlich zum bereits vorhandenen Oktett hinzukommen. So enthält
vierwertiger Schwefel mit vier kovalenten Bindungen acht am Oktett
beteiligte und außerdem zwei nichtbindende Elektronen. In der Verbindung ClF_3 sind sechs Elektronen an den drei kovalenten Cl-F-Bin-
dungen beteiligt, vier Elektronen liegen nicht bindend vor.

Beim inerten Paar handelt es sich wahrscheinlich in jedem Fall um zwei
s-Elektronen. Die theoretische Deutung der erwähnten Dreieckanord-
nung der betreffenden Elemente im Periodensystem ist ziemlich schwierig. Allgemein kann festgestellt werden, daß inerte Elektronenpaare
vorwiegend bei schweren Elementen, die bekanntlich weniger reaktionsfähig und edler sind, ausgeprägt vorliegen. Man beobachtet den

Effekt hauptsächlich bei jenen Atomsorten, die leichter Elektronen abgeben als aufnehmen; außerdem sind Elemente, die eine möglichst
geringe Anzahl an Elektronen abgeben, bevorzugt.

Die zu den A-Gruppen zählenden Elemente der Langperioden enthalten in ihrer zweitäußeren Schale insgesamt 18 Elektronen. Obgleich
diese Anordnung eine stabile Konfiguration darstellt, wird sie, insbesondere von den schweren Elementen, selten als äußerste Schale angestrebt. So hat Wismut z. B. den Elektronenaufbau[14] 2.8.18.32.18.5 und
das Bi^{3+}-Ion demnach 2.8.18.32.18.2. (Ein Bi^{5+}-Ion, 2.8.18.32.18, wäre
als sehr hoch geladenes Teilchen zu energiereich, ein hinreichender
Grund, daß solche Zustände in der Regel nicht vorkommen.)

Man kann die Existenz des inerten Elektronenpaares auch aus Ionisationspotentialen ableiten. So sind für die bei Wismut nacheinander ab-
spaltbaren 5 Valenzelektronen folgende Energien notwendig:

$$8,5 \quad 16,8 \quad 25,7 \quad 45,5 \quad 56,2 \ [eV].$$

Aus diesen Daten ist ein deutlicher Sprung zwischen dem dritten und
dem vierten Elektron zu ersehen.

---

[14] Anmerkung des Übersetzers: Diese Darstellung gibt die Gesamtelektronen-
zahlen jeder Schale an.

2. Die s-Elemente

2.1. Gruppe IA: Die Alkalimetalle

Lithium[15],	2.1
Natrium	2.8.1
Kalium	2.8.8.1
Rubidium	2.8.18.8.1
Cäsium	2.8.18.18.8.1

Die Alkalimetalle sind weiche, metallisch glänzende Elemente, die sich an der Luft sofort chemisch verändern. Man kann sie leicht mit einem Messer schneiden. Ihre Schmelzpunkte liegen tief und nehmen mit steigenden Atomgewichten von Lithium (180 °C) zu Cäsium (28 °C) hin ab. Die Dichten sind gering; sie steigen von Lithium (0,53 g · cm^{-3}) zu Cäsium (1,90 g · cm^{-3}) hin an. Deshalb besitzen die Elemente hohe Atomvolumina: In jeder Periode hat das entsprechende Alkalimetall im Vergleich zu den übrigen darin enthaltenen Elementen das höchste Atomvolumen.

Alle Alkalimetalle besitzen hohes elektrisches Leitvermögen. Die Emissionsfähigkeit für Elektronen durch einfallendes Licht ist ebenfalls groß. Kalium und insbesondere Cäsium sind deshalb zum Bau von Photozellen sehr geeignet.

Die Metalle reagieren heftig mit Wasser, wobei die Reaktionsfähigkeit mit steigendem Atomgewicht stark zunimmt. Selbst mit Eis bei tiefen

---

[15] Anmerkung des Übersetzers: Die Ziffern geben die Elektronenbesetzungszahlen der einzelnen Schalen an. Das Cäsium-Atom enthält z. B. 2 Elektronen in der K-Schale, 8 Elektronen in der L-Schale, 18 Elektronen in der M-Schale, 18 Elektronen in der N-Schale, 8 Elektronen in der O-Schale und 1 Elektron in der P-Schale.

Temperaturen sind Umsetzungen zu beobachten. Als Reaktionsprodukte entstehen Hydroxide, Festkörper mit hohen Schmelzpunkten und großer thermischer Stabilität. Sie sind leicht wasserlöslich unter Bildung stark basischer Lösungen:

$$MOH \rightarrow M^+ + OH^-.$$

Die elektropositive Natur dieser Elemente läßt sich anhand der Eigenschaften von Hydroxiden und vielen anderen Salzen verfolgen. Alle gewöhnlichen Salze, auch die Carbonate, sind gut wasserlöslich. Die Lösungen sind stark ionisiert. Von den Salzen unterliegen die Lithiumverbindungen am schwächsten der elektrolytischen Dissoziation. Alkalimetall-Salze sind im Vergleich zu anderen Metallsalzen sehr temperaturbeständig. Zum Beispiel lassen sich Carbonate bis unterhalb ihrer hochliegenden Schmelzpunkte thermisch nicht zersetzen; Lithium bildet eine Ausnahme. Alkalimetall-Hydrogencarbonate sind die einzigen, bei Zimmertemperatur frei beständigen Hydrogencarbonate.

Die Chloride und andere Halogenide haben hohe Schmelzpunkte und leiten im geschmolzenen Zustand den elektrischen Strom. Die Darstellung der freien Metalle erfolgt durch Schmelzflußelektrolyse. Als Salzschmelze benutzt man die entsprechenden Chloride, deren Schmelzpunkte durch Zusatz anderer Chloride herabgesetzt wird. Kalium, Rubidium und Cäsium sind wegen ihrer hohen Elektropositivität in der Lage, Polyhalogenide (z. B. $K^+J^-_3$) zu bilden.

Die freien Metalle reagieren unter Wärmeabgabe mit Wasserstoff. Dabei entstehen feste, hochschmelzende, salzartige Hydride. Unterwirft man diese Hydride bei hohen Temperaturen — am besten im geschmolzenen Zustand oder kurz unterhalb des Schmelzpunktes — der Elektrolyse, dann scheidet sich an der Anode Wasserstoff ab. Dies deutet auf die Struktur M^+H^- hin.

Die starke Elektropositivität der Alkalimetalle läßt sich auf den atomaren Aufbau sowie auf die großen Atomradien zurückführen. Zur Erreichung der Edelgaskonfiguration braucht nur das in der Valenzschale befindliche Valenzelektron entfernt zu werden. Lithium hat einen verhältnismäßig großen Atomradius, so daß zur Abspaltung des Valenzelektrons nur relativ geringe Energien erforderlich sind. Die

Radien nehmen mit steigendem Atomgewicht der Alkalimetalle stark zu, d. h. die für das Valenzelektron aufzuwendenden Dissoziationsenergien verringern sich immer mehr; die Elektropositivität vergrößert sich mit zunehmendem Atomvolumen. Dies läßt sich aus den Tabellen im Anhang (S. 114) entnehmen. Sowohl die einfachen Ladungen als auch die großen Atomradien begünstigen gemäß den Regeln nach *Fajans* (S. 25) die Kationenbildung $M \rightarrow M^+$.

Die Chemie der Alkalimetalle befaßt sich vorwiegend mit den einfachen Kationen, da diese wenig zur Komplexbildung neigen. Die leicht zugänglichen einfach positiv geladenen Kationen sind sehr stabil. Aus diesem Grund kennt man (abgesehen von organischen Derivaten) praktisch keine Alkalimetall-Verbindungen mit kovalenter Bindung.

Von den Alkalimetall-Salzen sind zahlreiche Hydrate bekannt. Die Tendenz zur Hydratbildung nimmt mit zunehmendem Ionenradius der Alkalimetall-Ionen ab. So existieren fast alle Lithiumsalze nur in der Hydratform; auch sehr viele Natriumsalze haben Hydratstruktur oder sind hygroskopisch. Bei Kaliumverbindungen sind diese Eigenschaften dagegen wenig ausgeprägt (vgl. Natriumnitrat, Natriumchlorid, Natriumchromat und Natriumdichromat mit den entsprechenden Kaliumsalzen), und die gängigen Rubidium- und Cäsiumsalze sind wasserfrei. Die Hydratbildung ist auf die Metallionen zurückzuführen, wie sich anhand der Ionenbeweglichkeiten zeigen läßt (S. 114). So ist die Wanderungsgeschwindigkeit des Lithium-Ions im elektrischen Feld gering, weil das kleine Ion sehr stark hydratisiert ist; die Oberfläche des Ions ist im Vergleich mit den anderen Alkalimetall-Ionen am stärksten mit Wassermolekülen besetzt. Das Hydratationsvermögen nimmt mit zunehmender Ionengröße ab, und die Abstufungen stehen mit den Regeln nach *Fajans* in gutem Einklang. Eine dieser Regeln besagt nämlich, daß sich die Reaktionen $M \rightarrow M^+$ und $M^+ \rightarrow M$ bezüglich ihrer Reaktionsbereitschaft umgekehrt proportional zueinander verhalten. So gibt z. B. das Cäsiumatom sein Valenzelektron leicht ab ($M \rightarrow M^+$), während der umgekehrte Vorgang ($M^+ \rightarrow M$) energetisch sehr ungünstig ist. Die Aufnahme von Elektronen — hier gleichbedeutend mit der Anlagerung von Wassermolekülen, da sich die H_2O-Molekeln mit den freien Sauerstoffelektronenpaaren an das Kation anlagern — ist demnach beim Cäsium-Kation stark erschwert. Lithium tendiert zu entgegengesetztem Verhalten.

Alkalimetall-Verbindungen sind in der Regel farblos, sofern keine farbgebenden Anionen (Chromat, Permanganat etc.) vorliegen. Sie erzeugen jedoch spezifische Flammenfärbungen; diese Farbspektren entstehen durch thermische Anregung des Valenzelektrons. Das Elektron geht dabei in ein Orbital mit höherem Energieniveau über. Beim Zurückfallen des Elektrons vom angeregten Zustand in den Grundzustand wird die freiwerdende Energie als elektromagnetische Strahlung emittiert. Im Falle der Alkalimetalle sind diese Energiedifferenzen klein, so daß die ausgesandte Strahlung im sichtbaren Spektralbereich liegt.

Zusammenfassend sei nochmals darauf hingewiesen, daß die Alkalimetalle und deren Verbindungen große Ähnlichkeit in ihren Eigenschaften aufweisen und daß sich diese Eigenschaften lediglich graduell von Element zu Element voneinander unterscheiden. Der größte Unterschied liegt zwischen Lithium und Natrium, während die Abstufungen bei den übrigen Alkalimetallen bedeutend geringer sind.

2.2. Gruppe IIA: Die Erdalkalimetalle

Beryllium	2.2
Magnesium	2.8.2
Calcium	2.8.8.2
Strontium	2.8.18.8.2
Barium	2.8.18.18.8.2
Radium	2.8.18.32.18.8.2

Beryllium ist ein verhältnismäßig seltenes Element. Es zeigt nicht die sonst für Erdalkalimetalle typischen Eigenschaften, und eine enge Verwandtschaft mit Magnesium besteht nicht. Beryllium ist wegen seines kleinen Atomradius nur schwach elektropositiv, so daß seine Verbindungen eher zur kovalenten als zur Ionenbindung neigen. Es hat große Ähnlichkeit mit Aluminium, ein Beispiel für die Schrägbeziehung im Periodensystem. Ferner sind einige Parallelen zum Element Zink vorhanden.

Die übrigen Erdalkalimetalle zeigen in ihren Eigenschaften deutliche Abstufungen, die allerdings nicht so deutlich wie bei den Alkalimetallen sind. Die Elektropositivität ist im Vergleich zu den Alkalimetallen ebenfalls geringer und nimmt in der Reihenfolge Mg, Ca, Sr, Ba, Ra zu. Radium ist wegen seiner radioaktiven Eigenschaften bedeutungsvoll.

Die Metalle sind leicht, ziemlich weich und sehr reaktionsfähig. So nimmt das Reaktionsvermögen gegenüber Wasser mit zunehmender Elektropositivität zu. Magnesium reagiert mit Wasser nur bei erhöhter Temperatur, während die übrigen Metalle schon bei Zimmertemperatur eine heftige Reaktion auslösen. Magnesium ist gegenüber Luft beständig, da es durch Oberflächenoxidation passiviert wird. Es findet als Legierungsbestandteil, hauptsächlich von Aluminium, Verwendung. Man stellt die Erdalkalimetalle nicht durch chemische Reduktion, sondern durch Schmelzflußelektrolyse aus den Chloriden dar.

Magnesium unterscheidet sich graduell etwas von den übrigen Elementen der Gruppe. Das Hydroxid ist zum Beispiel viel weniger wasserlöslich und läßt sich thermisch leicht zersetzen. Im Gegensatz zu Ca, Sr und Ba bewirken Magnesium und seine Verbindungen keine Flammenfärbung. Das Element bildet leicht metallorganische Derivate, die wichtigen *Grignard*-Verbindungen. Zink zeigt ähnliches Verhalten.

Die Erdalkalimetalle haben die Oxidationszahl $+ 2$; sie besitzen zwei Elektronen mehr als das im Periodensystem jeweils vorangehende Edelgas. Sofern das Anion nicht gefärbt ist, sind Magnesiumverbindungen farblos und stark polar, wenn auch nicht in dem Ausmaß, wie es bei den entsprechenden Alkalimetallen der Fall ist. Die Tendenz zur Hydratbildung ist im Vergleich zu den Alkalimetallen stärker ausgeprägt, obgleich hier die Hydrate mit zunehmendem Atomgewicht des Metalls instabiler werden. So kristallisieren zum Beispiel Magnesiumchlorid und Calciumchlorid mit 6 Molekülen Wasser (diese Verbindungen sind stark hygroskopisch), während Bariumchlorid ein Dihydrat in Form stabiler Kristalle bildet (vgl. auch die entsprechenden Sulfate).

Erdalkalimetalloxide und -hydroxide reagieren stark basisch, und die Salze starker Säuren werden deshalb nicht hydrolytisch gespalten. Die Wasserlöslichkeit der Salze nimmt im allgemeinen in folgender Reihen-

folge ab: Mg> Ca > Sr > Ba; die größte Differenz für die Sulfate
liegt zwischen Magnesium und Calcium. Für die Fluoride, die einzigen
schwerlöslichen Erdalkalimetallhalogenide und die Hydroxide gilt die
umgekehrte Reihenfolge.

Von den Erdalkalimetallen sind nur wenig Komplexsalze bekannt. Die
Komplexstabilität nimmt hier im wesentlichen mit steigendem Atomgewicht ab. Die bekannten Komplexe sind meist sauerstoffhaltige organische Verbindungen, wobei die Sauerstoffatome als Elektronendonoren fungieren. *Grignard*-Verbindungen liegen zum Beispiel als Ätherate
vor und reagieren mit anderen organischen Sauerstoffverbindungen.

Die Abnahme der Hydratation und der Komplexbildung mit steigendem Atomgewicht läßt sich mit der Zunahme der Ionenradien erklären
(S. 116). Bestimmte Gesetzmäßigkeiten innerhalb einer Gruppe wurden schon bei den Alkalimetallen besprochen. Sie sind dort wegen der
stärkeren Elektropositivität der Elemente allerdings noch deutlicher
ausgeprägt.

3. Die p-Elemente

3.1. Gruppe IIIA: Die Borgruppe

Bor[16]	2.(2,1)
Aluminium	2.8.(2,1)
Gallium	2.8.18.(2,1)
Indium	2.8.18.18.(2,1)
Thallium	2.8.18.32.18.(2,1)

Mit diesen Elementen beginnt die p-Serie, d. h. die Valenzschale enthält außer den beiden s-Elektronen jetzt erstmals auch ein p-Elektron. Die zwei s-Elektronen und das p-Elektron der äußersten Bahn können zur chemischen Bindung beansprucht werden; die Elemente der Borgruppe zeigen deshalb vorwiegend die Oxidationszahl + 3. Wird nur das p-Elektron zur Valenz beansprucht, dann liegen einwertige Verbindungen vor, die hier, mit Ausnahme von Thallium, aber eine untergeordnete Rolle spielen.

Die Gruppe beginnt mit Bor, das sich weitgehend wie ein Nichtmetall verhält. Als erstes Element der Gruppe unterliegt es der Schrägbeziehung, wie es meist für das erste Element einer Gruppe charakteristisch ist. Demnach zeigt Bor größere Verwandtschaft zu Silicium als zu Aluminium. Das verhältnismäßig seltene Element ist schwierig rein darzustellen und reagiert nur in sehr fein zerteiltem Zustand. Seine Affinität zu Sauerstoff ist besonders groß, und die Borate sind sehr stabile Verbindungen. Auch Halogenide, Nitride und Sulfide sind bekannt, wobei die Bindungen vorwiegend kovalenten Charakter haben.

---

[16] Anmerkung des Übersetzers: Die in Klammern gesetzten Zahlen geben die Besetzung der Unterniveaus — hier s und p — der Valenzschale an.

Von zahlreichen Metallen existieren Boride. Metalle mit stärkerer Elektropositivität bilden Hydridoborate („Boranate"), komplexe Borwasserstoffverbindungen. Als Vertreter sei hier Lithiumhydridoborat, $LiBH_4$, erwähnt. Es enthält Li^+ als Kation und $(BH_4)^-$ als Anion. Auch einfache Borhydride wie B_2H_6 sind bekannt. Diese Verbindungen wurden recht genau untersucht, weil sie zunächst nicht in den Rahmen der einfachen chemischen Bindungen einzuordnen waren. Es handelt sich hierbei um *Elektronenmangelverbindungen*, Derivate, die auch bei anderen Elementen bekannt sind.

Einfache dreibindige Verbindungen des Bors besitzen nur drei Elektronenpaare; die Substanzen sind Elektronenakzeptoren und reagieren mit Wasser oder anderen Donor-Molekülen unter Aufnahme von weiteren zwei Elektronen. So lassen sich auch die katalytischen Eigenschaften von Bortrifluorid, BF_3, erklären. Die Dreibindigkeit beim Bor führt zu Kristallgittern großer Dimensionen. Viele Borate haben komplizierte Kristallstrukturen; morphologisch liegen sie entweder blättchenförmig oder glasartig mit hohem Lichtbrechungsvermögen vor.

Aluminium, Gallium, Indium und Thallium zeigen Abstufungen in ihren Eigenschaften. Die Elektropositivität nimmt mit steigenden Atomgewichten zu, wenn auch nur schwach. Deshalb vergrößern sich hier, im Vergleich zu den Alkali- und Erdalkalimetallen, die Atomradien mit größerwerdenden Atomgewichten nur gering.

Aluminium kommt im Gegensatz zu den übrigen Elementen der Gruppe sehr häufig vor. In der Häufigkeitstabelle steht es an dritter Stelle. Das sehr verbreitete Mineral Ton besteht hauptsächlich aus Aluminiumsilicat. Die in der Erdkruste häufig vorkommenden Elemente haben gerade Ordnungszahlen, und hier bildet Aluminium mit der Ordnungszahl 13 eine Ausnahme. Genauere Abhandlungen über Häufigkeit und Ordnungszahl werden im Kapitel über Radioaktivität und Kernstabilität (S. 109) behandelt. Aluminium überzieht sich oberflächlich sehr rasch mit einer passivierend wirkenden Oxidschutzschicht, die gegenüber chemischen Angriffen eine gewisse Resistenz bietet. Das Element findet deshalb als Gebrauchsmetall vielfältige Verwendung. Da es von Säuren (mit Ausnahme von Salpetersäure) und Laugen angegriffen wird, ist der Einsatz beschränkt. Oxide und Hydroxide sind amphoter und in Wasser unlöslich. Bei Aluminiumverbindungen liegen meist kovalente Bindungen vor. Von den Halogeniden zeigt nur das Fluorid polare Eigenschaften. In Analogie zur Bor neigen die Verbindungen zur Komplexbildung mit Donor-Molekülen. Deshalb verwendet man Aluminiumchlorid häufig als Katalysator in der organischen Chemie. Kristalline Salze wie Sulfat oder Alaune kommen meist als Hydrate vor und werden wegen der schwach basischen Natur des Aluminiumhydroxids von Wasser merklich hydrolysiert.

Gallium, Indium und Thallium sind Metalle mit tiefen Schmelzpunkten und hohen Siedepunkten. Sie bilden wie Aluminium vorwiegend kovalente Verbindungen, wobei Thallium die Wertigkeitsstufe $+ 1$ bevorzugt. Galliumhydride sind analog zu den Borhydriden Elektronenmangelverbindungen. Die Oxidationsenthalpien der Elemente sind im Gegensatz zu Aluminium gering; die Oxide lassen sich deshalb leichter reduzieren. Galliumhydroxid ist amphoter, jedoch stärker sauer als Aluminiumhydroxid. Es löst sich leicht in wäßriger Ammoniaklösung. Indiumhydroxid ist eine schwache Base, während Thalliumoxid (ein Hydroxid ist nicht bekannt) stärker basisch reagiert. Die Metalle lassen sich leicht mit Halogenen umsetzen, und die entstehenden Halogenide zeigen deutliche Unterschiede je nach Elektropositivität, die auch hier mit größer werdenden Atomgewichten zunimmt. Von den Galliumhalogeniden ist nur das Fluorid polar (vgl. Aluminium); andererseits sind Indiumfluorid und Indiumchlorid (teilweise auch das Bromid) polare Verbindungen. Thalliumhalogenide sind, mit Ausnahme des polaren Fluorids, instabil. Die Tendenz zur Komplexbildung wächst in der Reihenfolge Ga $<$ In $<$ Tl.

Die häufigste Oxidationszahl bei Gallium und Indium ist $+ 3$. Thallium kommt in zwei Oxidationsstufen vor: dreiwertig und einwertig, wobei letztere beständiger ist und mit den entsprechenden Alkalimetall-Verbindungen gewisse Verwandtschaft zeigt. Die Stabilität der Wertigkeitsstufe $+ 1$ ist auf die Reaktionsträgheit des inerten Elektronenpaars der äußersten Schale zurückzuführen (S. 29). Der Effekt tritt besonders bei schweren Elementen auf und wurde zuerst bei Quecksilber — das Element steht im Periodensystem direkt vor Thallium — beobachtet. Auch Indium kann, allerdings in sehr begrenztem Umfang,

.

einwertig auftreten. Einwertiges Indium wird sehr leicht, selbst durch Wasser, zur dreiwertigen Stufe oxidiert, während eine Oxidation der entsprechenden Thalliumverbindung viel schwieriger ist. Gallium scheint in einigen Verbindungen in zweiwertiger Form vorzuliegen ($GaCl_2$). Physikalische Untersuchungen haben aber gezeigt, daß es sich dabei nicht um die Oxidationsstufe + 2 im klassischen Sinn handelt, sondern daß ein hälftiges Gemisch aus ein- und dreiwertigem Gallium vorliegt. Die wahre Formel für Galliumdichlorid ist demnach $Ga^+ (GaCl_4)^-$. Somit scheint das inerte Elektronenpaar auch hier einen gewissen Einfluß auszuüben, wenn auch nicht in dem Ausmaß, wie es bei Thallium der Fall ist.

Zusammenfassend sei darauf hingewiesen, daß in der Borgruppe ebenfalls gesetzmäßige Abstufungen vom nichtmetallischen Bor zum relativ stark elektropositiven Thallium hin vorliegen Das individuelle Verhalten von Thallium bringt allerdings eine gewisse Unstetigkeit in die Reihe.

3.2. Gruppe IVA: Die Kohlenstoffgruppe

Kohlenstoff	2.(2,2)
Silicium	2.8.(2,2)
Germanium	2.8.18.(2,2)
Zinn	2.8.18.18.(2,2)
Blei	2.8.18.32.18.(2,2)

Die Elemente dieser Gruppe zeigen stufenweise Übergänge vom Nichtmetall zum Metall, obgleich Blei als metallischer Vertreter nur sehr wenig elektropositiv ist. Im höchstwertigen Zustand + 4 erreichen sie durch kovalente Bindungen die Konfiguration des jeweils direkt folgenden Edelgases.

Ein Vergleich der physikalischen Eigenschaften dieser Elemente ist wegen Allotropie-Effekten *(Allotropie* = Vorkommen eines Elements in mehreren Modifikationen) erschwert. So existiert zum Beispiel Kohlenstoff in zwei Zustandsformen: dem „metallischen", den elektrischen Strom leitenden Graphit und dem Diamanten, einem elektrischen Isolator. Silicium und Germanium sind elektrische Halbleiter, und die Leitfähigkeiten von Zinn und Blei entsprechen denen typischer Metalle, obgleich von Zinn auch eine nichtmetallische Tieftemperatur-Modifikation existiert.

Germanium, Zinn und Blei können, abgesehen von der Maximalwertigkeit $+ 4$, auch zweiwertig auftreten. Die Stabilität dieser Verbindungen nimmt in der genannten Reihenfolge zu. Die Existenz der zweiwertigen Form ist auf ein inertes Elektronenpaar zurückzuführen (S. 29). Dieser Effekt ist bei sehr vielen p-Elementen anzutreffen und wurde schon beim Thallium erwähnt. Zinn(II)- und Blei(II)-salze besitzen stark polare Eigenschaften. Die Regeln nach *Fajans* erklären zwanglos, weshalb hier vierwertige Kationen, im Gegensatz zu den zweiwertigen, instabil sind.

Alle Elemente der Kohlenstoffgruppe bilden Dioxide. Kohlendioxid und Siliciumdioxid sind Anhydride schwacher Säuren; die übrigen Dioxide verhalten sich amphoter. Insgesamt nimmt der Säuregrad mit steigendem Atomgewicht ab. Bleidioxid ist wegen der besonders hohen Stabilität der zweiwertigen Stufe ein starkes Oxidationsmittel.

Die Elemente sind wenig reaktiv. Kohlenstoff wird von stark oxidierenden Reagenzien, Silicium von Alkalien angegriffen. Germanium reagiert mit oxidierenden Säuren, während Zinn in verdünnten Mineralsäuren oder bei Temperaturerhöhung auch in Alkalilaugen löslich ist. Das Reaktionsvermögen von Blei wird wegen der Schwerlöslichkeit einiger Bleiverbindungen oft gehemmt. Alle fünf Elemente der Gruppe bilden leicht flüchtige Hydride und Alkylderivate.

Die große Stabilität einer Kohlenstoff-Kohlenstoff-Bindung ist ein ausgeprägtes Charakteristikum der Kohlenstoffchemie (Organische Chemie), unabhängig davon, ob die Molekel als Ring oder als Kette vorliegt. Auch Mehrfachbindungen zwischen Kohlenstoffatomen oder zwischen Kohlenstoff und Sauerstoff, Kohlenstoff und Stickstoff sowie Kohlenstoff und einigen anderen Elementen sind hinreichend bekannt. Von wenigen Ausnahmen abgesehen ist Kohlenstoff immer vierbindig. Weniger vielfältig als die Kohlenstoffchemie ist die Chemie des Siliciums. Si-Si-Bindungen sind weniger stabil, und es existieren im niedermolekularen Bereich weder Mehrfachbindungen noch zweibindiges

Silicium. Bindungen vom Typ Si-O-Si sind dagegen sehr beständig und spielen im Gebiet der Silicate eine dominierende Rolle. Die moderne Silikonchemie sowie die Verbindungsklassen mit gemischten Silicium-Kohlenstoff-Bindungen sollen ebenfalls erwähnt werden.

Kohlenstoff besitzt die Koordinationszahl 4; normale vierbindige Kohlenstoffverbindungen können deshalb nicht als Acceptor fungieren. Im Gegensatz dazu hat Silicium die Koordinationszahl 6; so lagert sich zum Beispiel Wasser, bekanntlich ein guter Elektronendonor, an Silicium(IV)-halogenide an und bewirkt eine spontane Hydrolyse der Moleküle. Auch Germanium(IV)-halogenide werden fast vollständig hydrolytisch gespalten, während Zinn- und Blei(IV)-halogenide wegen ihres geringeren Säurecharakters mit Wasser lediglich ein Gleichgewicht bilden. Blei(IV)-chlorid, $PbCl_4$, ist das einzig bekannte Tetrahalogenid von Blei, ein Hinweis auf die geringe Beständigkeit der Wertigkeitsstufe + 4 des Elements.

Von Germanium, Zinn und Blei sind Verbindungen der Oxidationsstufe + 2 wie Oxide, Dihalogenide usw. bekannt. Verbindungen des zweiwertigen Germaniums sind wenig stabil und besitzen reduzierende Eigenschaften. Die Dihalogenide des Elements sind nicht salzartig und trotzdem wenig flüchtig. Es scheinen intermolekulare koordinative Metall-Halogen-Bindungen vorzuliegen, die zum Aufbau eines Elektronenoktetts führen. Das schon öfters erwähnte inerte Elektronenpaar dürfte also in diesem Fall für die Existenz der niederen Wertigkeitsstufe nicht verantwortlich sein.

Zinn(II)-Verbindungen sind stabiler als die entsprechenden Germaniumverbindungen; sie sind salzartig und besitzen reduzierende Eigenschaften. Blei(II)-Verbindungen sind noch beständiger und wirken kaum mehr reduzierend. Die Existenz der zweiwertigen Stufen bei Zinn und Blei läßt sich auf das inerte Elektronenpaar zurückführen (S. 29); der Effekt ist beim Blei besonders ausgeprägt.

Bei den p-Elementen nimmt die Tendenz zur Komplexbildung ganz allgemein mit steigendem Atomgewicht innerhalb einer Gruppe zu. Diese Gesetzmäßigkeit ist bei den Elementen der Kohlenstoffgruppe von Kohlenstoff bis einschließlich Zinn zu beobachten. So kennt man stabile Salze der Hexafluorokieselsäure, H_2SiF_6; die Säure als solche ist nur in Form wäßriger Lösungen beständig. Germanium bildet Fluoro- und Chlorokomplexe, während Zinn mit allen vier Halogenen Komplexe liefert. Bleifluoro- und Chlorokomplexe, die einzig bekannten Halogenkomplexe des Bleis, sind ziemlich instabil, da Blei die Wertigkeitsstufe + 2 bevorzugt.

3.3. Gruppe VA: Die Stickstoffgruppe

Stickstoff	2.(2,3)
Phosphor	2.8.(2,3)
Arsen	2.8.18.(2,3)
Antimon	2.8.18.18.(2,3)
Wismut	2.8.18.32.18.(2,3)

Beim Übergang vom nichtmetallischen, gasförmigen Stickstoff zum metallischen, jedoch wenig elektropositiven Wismut sind stufenweise Änderungen der Eigenschaften zu erkennen. Dabei liegt die größte Diskrepanz zwischen Stickstoff und Phosphor. Stickstoff zeigt die Tendenz zur Ausbildung von Mehrfachbindungen, wie schon sein molekulares Vorkommen als $|N \equiv N|$ beweist. Das Element hat geringe Dichte und einen sehr tiefen Siedepunkt. Phosphor strebt seltener Mehrfachbindungen an, und das Molekül ist tetraedrisch in Form einer P_4-Einheit aufgebaut: die 4 Phosphoratome befinden sich in den Ecken eines regelmäßigen Tetraeders, und jede Tetraederkante entspricht jeweils einer kovalenten Einfachbindung zwischen zwei Phosphoratomen. Im Gegensatz zu Stickstoff ist das Molekül schwer und viel weniger flüchtig. Arsen hat einen noch geringeren Dampfdruck und besitzt in seiner Molekularstruktur eine zu Phosphor analoge As_4-Anordnung. Aber nicht nur Stickstoff, sondern auch Phosphor und Arsen haben viel tiefere Siedepunkte als die entsprechenden Elemente der Kohlenstoffgruppe. Bei Antimon und Wismut liegen metallische Bindungen vor, und die Siedepunkte der beiden Elemente sind eher mit denen von Zinn und Blei vergleichbar.

Phosphor, Arsen und Antimon existieren in verschiedenen festen Zustandsformen (Allotropie). Von jedem dieser Elemente kennt man

eine gelbe, nicht metallische sowie eine metallähnliche Modifikation. Bei
Arsen ist die metallähnliche Modifikation die stabilere, und Wismut
kommt nur in metallischer Form vor.

Stickstoff ist unter Normalbedingungen ein äußerst reaktionsträges
Element. Eine Reaktion mit Sauerstoff tritt erst bei sehr hohen Temperaturen ein, obgleich zahlreiche stabile Oxide von Stickstoff, die präparativ auf anderem Wege zugänglich sind, existieren. Stickstoff setzt
sich mit Metallen bei erhöhter Temperatur zu Metallnitriden um.

Phosphor reagiert sehr leicht mit Sauerstoff und verbindet sich ebenfalls mit Metallen. Bei den übrigen Elementen der Gruppe nimmt die
Affinität zu Sauerstoff mit steigendem Atomgewicht ab, wie aus den
Verbrennungstemperaturen hervorgeht. Gelber Phosphor oxidiert sich
schon bei Zimmertemperatur, während bei den übrigen Elementen die
Oxidationstemperatur in der Reihenfolge Arsen, Antimon und Wismut
gesteigert werden muß. Ähnlich Stickstoff und Phosphor bilden auch
Arsen und Antimon binäre Verbindungen mit Metallen. Diese Verbindungen sind viel stabiler als die Nitride und Phosphide und kommen
teilweise sogar als Mineralien in der Natur vor.

Jedes Element der Stickstoffgruppe hat in der äußersten Schale zwei
s- und drei p-Elektronen. Zur Vervollständigung des Oktetts fehlen
drei Elektronen. Die Edelgaskonfiguration wird nicht durch Ausbildung dreifach negativ geladener Anionen, sondern durch drei kovalente Bindungen erreicht. Von jedem Element sind Vertreter mit drei
kovalent gebundenen Atomen und einem nichtbindenden Elektronenpaar (freies Elektronenpaar) am Zentralatom bekannt. Die entsprechenden Stickstoffverbindungen sind starke Elektronendonoren. Fünf-
bindiger Stickstoff ist unbekannt, da seine Koordinationszahl auf 4 be-
grenzt ist. Das Element ist durch Abgabe eines einzelnen Elektrons in
der Lage, unter gleichzeitiger Ausbildung einer positiven Ladung am
Stickstoff vier kovalente Bindungen zu betätigen. Phosphor und die
übrigen Elemente können über ein Oktett hinausgehende Elektronenkonfigurationen haben. Auf diese Art werden fünfbindige Verbindungen erreicht, die beim Phosphor beständig sind und deren Stabilität bei
den übrigen Elementen der Gruppe mit zunehmenden Atomgewichten
abnimmt. Die Elektropositivität der Elemente erhöht sich mit zuneh-

mendem Atomradius, und das metallische Kation M^{3+}, das in der äußersten Schale ein inertes Elektronenpaar enthält, ist bei Arsen wenig, bei Antimon etwas mehr und bei Wismut gut ausgeprägt. Bei den Atomen mit großem Radius wird die Abgabe von Elektronen begünstigt. Dementsprechend führt ein kleiner Atomradius zur leichteren Anionenbildung, im Fall von Stickstoff zur Entstehung von N^{3-}-Ionen. Dieses Anion liegt in einigen Nitriden wie Titannitrid oder Zirkonnitrid vor. Die Verbindungen haben polare Kristallgitter und leiten in geschmolzenem Zustand den elektrischen Strom. Man führt die Leitfähigkeit im wesentlichen auf die metallische Komponente zurück.

Alle Elemente der Stickstoffgruppe bilden leicht flüchtige Hydride vom einfachen Typ XH_3. Thermische Stabilität sowie Basizität dieser Verbindungen verringern sich mit zunehmendem Atomradius. NH_3 lagert wegen der starken Donoreigenschaften des Stickstoffs leicht ein Proton an unter Bildung des stabilen Ammonium-Kations, NH_4^+. Die analoge, jedoch weitaus abgeschwächtere Reaktion bei Phosphor führt zum wenig beständigen Phosphonium-Ion, PH_4^+. Arsenwasserstoff zeigt keine Protonenaffinität mehr. BiH_3 ist präparativ sehr schwierig zugänglich, und seine Existenz konnte bislang nur durch radioaktive Spurentechnik unter Verwendung eines Wismutisotops gesichert werden. Bei den Hydriden von Stickstoff, Phosphor und Arsen lassen sich jeweils ein, zwei oder alle drei Wasserstoffatome durch Alkyl- oder Arylreste substituieren. Von Antimon und Wismut sind nur Trisubstitutionsprodukte bekannt. Die Beständigkeit solcher Verbindungen nimmt mit größer werdendem Atomradius des Zentralatoms ab.

Stickstoff ist in der Lage, außer Ammoniak noch weitere Stickstoff-Wasserstoff-Verbindungen zu bilden, bei denen N-N-Bindungen verknüpft sind (z. B. Hydrazin). Demnach ist sowohl die N-N-Bindung als auch die N-H-Bindung stabil. Das dem Hydrazin entsprechende Diphosphin P_2H_4 ist wegen der labilen P-P-Verknüpfung unbeständig. Von Arsen, Antimon und Wismut kennt man lediglich alkyl- und arylsubstituierte Hydrazinanaloga.

Die Stickstoffoxide zeigen insofern besondere Eigenschaften, als N_2O_3 und N_2O_5, die Anhydride der salpetrigen Säure bzw. der Salpetersäure, gar nicht die stabilsten Oxide sind. Die beständigsten Oxide sind hier neutral und besitzen praktisch keine Säureeigenschaften. Salpetersäure unterscheidet sich von der Orthophosphorsäure durch geringere thermische Stabilität, stärkeren Säuregrad und größeres Oxidationsvermögen. Alle Nitrate sind wasserlöslich, die meisten Phosphate dagegen unlöslich. Salpetrige Säure zersetzt sich leichter als phosphorige Säure. Die Oxide und sauerstoffhaltigen Säuren von Phosphor, Arsen und Antimon besitzen gemeinsame, gesetzmäßig abgestufte Eigenschaften. Von jedem Element ist ein Trioxid und ein Pentoxid bekannt; die Trioxide sind dimer. Phosphor(III)-oxid, P_2O_3, löst sich in Wasser unter heftiger Reaktion; Arsen(III)-oxid ist nur noch schwach und Antimon(III)-oxid praktisch nicht mehr löslich. Die Stärke der dabei entstehenden Säuren nimmt in der genannten Reihenfolge ab. Im Gegensatz zu P_2O_3 besitzen As_2O_3 und Sb_2O_3 gegenüber starken Säuren Baseneigenschaft. Diese ist bei Antimon stärker ausgebildet, und man kennt eine Anzahl von Antimonsalzen. Phosphorige Säure wirkt reduzierend, während die entsprechenden Säuren von Arsen und Antimon viel schwerer oxidierbar sind. Alle drei Säuren sowie deren Salze lassen sich wie viele Polyhydroxysäuren durch Erhitzen kondensieren; es entstehen dabei hochmolekulare Polykondensationsprodukte.

Elementarer Phosphor läßt sich durch Verbrennen leicht in das dimere Pentoxid (Phosphor(V)-oxid, P_2O_5 oder eigentlich P_4O_{10}) überführen. Dieses löst sich unter heftiger Reaktion in Wasser, und es entsteht dabei die Orthophosphorsäure, H_3PO_4. Arsen- und Antimon(V)-oxid lassen sich nur mit Hilfe starker Oxidationsmittel darstellen. As_2O_5 ist unter Bildung von Arsensäure, H_3AsO_4, gut wasserlöslich. Diese Verbindung hat, was die Löslichkeitseigenschaften sowie die Strukturen einiger Salze anbetrifft, große Ähnlichkeit mit Orthophosphorsäure. Dasselbe gilt auch für die Kondensationsfähigkeit der Salze beim Erhitzen. Phosphate und Arsenate reagieren mit Molybdaten und Wolframaten zu Heteropolysäuren.

Antimon(V)-oxid löst sich nur sehr wenig in Wasser, und es entsteht dabei eine schwach saure Lösung von Antimonsäure. Kolloidale Antimonsäure kann durch Hydrolyse von Antimon(V)-chlorid dargestellt werden. Sie löst sich in Mineralsäuren. Die Antimonate unterscheiden sich von den Arsenaten durch ihre Struktur, $Me[Sb(OH)_6]$. Sie sind demnach mehr mit den Telluraten verwandt.

Wismut(III)-oxid ist ein ausgesprochen basisches Oxid. Es löst sich daher nur in Säuren. Unter scharfen Oxidationsbedingungen, wie z. B. Schmelzen mit Natriumhydroxid-Natriumperoxid-Gemisch, läßt es sich in die Oxidationsstufe + 5 überführen. Die dabei entstehende Verbindung ist wahrscheinlich Natriumbismutat, jedoch nicht in definiert stöchiometrischer Zusammensetzung; sie hat keinerlei Gemeinsamkeiten mit Natriumantimonat.

Von allen Elementen der Stickstoffgruppe sind Trihalogenide bekannt. Bei diesen Verbindungen sind die abgestuften Verwandtschaften noch deutlicher ausgeprägt als bei den Oxiden und den sauerstoffhaltigen Säuren. Die Trihalogenide lassen sich mit Ausnahme von NF_3 mehr oder weniger gut hydrolysieren. Bei der leicht durchführbaren Hydrolyse der Stickstoffhalogenide entstehen Ammoniak und unterhalogenige Säuren. Da die Stickstoff-Halogen-Bindung sehr labil ist, zersetzen sich Stickstofftrihalogenide leicht unter Explosionserscheinungen. Auch die Phosphor(III)-halogenide sind vollständig hydrolysierbar, und es entstehen als Reaktionsprodukte phosphorige Säure und Halogenwasserstoffsäuren. Beim Trifluorid verläuft die Reaktion langsam, bei den übrigen Trihalogeniden rasch. Arsen(III)-halogenide hydrolysieren nach dem gleichen Schema wie Phosphor(III)-halogenide. Die Hydrolyse läßt sich hier allerdings durch Zusatz von Halogenwasserstoffsäure in umgekehrte Reaktionsrichtung zurückdrängen. Auch die entsprechenden Antimon- und Wismutverbindungen sind reversibel hydrolysierbar. Die Hydrolyse führt hier zu salzartigen Oxidhalogeniden. Da Wismut das am stärksten elektropositive Element der Gruppe ist, ist BiF_3 eine stark heteropolare Verbindung, während $BiCl_3$ naturgemäß weniger heteropolaren Charakter zeigt.

Stickstoff(V)-halogenide sind unbekannt. Dagegen existieren alle vier Phosphor(V)-halogenide als beständige Substanzen. Arsen(V)-fluoride sowie alle Antimon(V)halogenide (mit Ausnahme des Pentabromids) sind ebenfalls präparativ zugänglich. Wismut(V)-fluorid ist das einzige bekannte Pentahalogenid von Wismut. Die Stabilitätsreihe der Halogenide weist also darauf hin, daß die Beständigkeit der Wertigkeitsstufe $+ 5$ von Phosphor zum Wismut hin abnimmt.

Phosphor(V)-halogenide hydrolysieren über die Oxidhalogenide, also in zwei Stufen. AsF_5 und SbF_5 sind stabile Substanzen und können als Fluorierungsmittel verwendet werden. Das zur Hydratbildung befähigte Antimonpentachlorid (Antimon(V)-chlorid, $SbCl_5$) wandelt sich bei thermischer Behandlung unter Chlorabspaltung zum Trichlorid um.

Arsen, Antimon und Wismut bilden zahlreiche Komplexverbindungen. Im dreibindigen Zustand können sie, wie Stickstoff, als Elektronendonoren wirken; außerdem besitzen sie, im Gegensatz zu Stickstoff, Akzeptoreigenschaften. In diesem Fall löst sich das freie Elektronenpaar aus dem Oktett und geht in ein inertes Paar über, während das neuhinzukommene Elektronenpaar das Oktett wieder vervollständigt. Pentahalogenide besitzen ebenfalls Akzeptoreigenschaften, jedoch nicht über den Weg des inerten Elektronenpaars, sondern durch direktes Ansteuern einer Zwölfelektronengruppierung (vgl. SF_6); ein Beispiel ist die Verbindung $K[SbF_6]$.

3.4. Gruppe VIA: Die Chalkogene

Sauerstoff	2.(2,4)
Schwefel	2.8.(2,4)
Selen	2.8.18.(2,4)
Tellur	2.8.18.18.(2,4)
Polonium	2.8.18.32.18.(2,4)

Wie in anderen Gruppen weisen die Elemente auch hier ähnliche Eigenschaften mit graduellen Abstufungen untereinander auf. Ihre Elektronegativität ist im Vergleich zu den Elementen der Gruppe VA erhöht. Die meisten von ihnen kommen in allotropen Modifikationen vor. Selen, Tellur und Polonium werden meist nicht als Metalle bezeichnet, obgleich von jedem Element unter anderen eine metallische Zustandsform existiert. Die Chemie des Poloniums ist wegen der Seltenheit des Elements noch recht ungeklärt.

Die Reaktionsfähigkeit aller Elemente dieser Gruppe gegenüber Metallen ist besonders groß und steht der der Halogene nur wenig nach. Umsetzungen treten schon bei geringer Temperaturerhöhung ein, insbesondere wenn die Komponenten in feinzerteilter Form vorliegen. Die dabei entstehenden Reaktionsprodukte sind im Gegensatz zu den Metallhalogeniden nicht oder nur wenig löslich in Wasser. Falls schwache Löslichkeit vorliegt, handelt es sich nicht um elektrolytische Dissoziation, da die zweiwertigen Chalkogenid-Anionen kaum beständig sind. Die Regeln nach *Fajans* besagen, daß negativ geladene Atome um so stärker zur kovalenten Bindung tendieren, je größer die Ionenradien sind. Im Falle kleiner Radien werden die Elektronen durch die anziehende Wirkung des Atomkerns stärker fixiert, und die Neigung zur Bildung kovalenter Bindungen ist weniger ausgeprägt.

Demnach müßte das Sauerstoff-Anion, O^{2-}, beständig sein. In Wasser reagiert es aber mit dem Lösungsmittel und zerfällt spontan. Die übrigen Elemente der Gruppe zeigen bezüglich der Anionenbildung die zu erwartenden gesetzmäßigen Abstufungen. Bei den Sulfiden ist der polare Anteil am größten. Ergebnisse der Kristallstrukturanalyse zeigen, daß das Kristallgefüge vieler Oxide vorwiegend durch polare Kräfte stabilisiert ist. Die hohen Schmelzpunkte sowie die elektrische Leitfähigkeit der geschmolzenen Oxide, sofern sich diese ohne Zersetzung schmelzen lassen, weisen ebenfalls darauf hin. O^{2-} wird, wie bereits erwähnt, hydrolysiert, und es entstehen dabei die stabileren Hydroxylionen OH^-; ihre Stabilität ist darauf zurückzuführen, daß das relativ kleine Anion nur ein überschüssiges Elektron, das die einfache negative Ladung erzeugt, enthält, während O^{2-} zwei Elektronen betätigen muß. Die erste Dissoziationsstufe von Schwefelwasserstoff, H_2S, oder die Hydrolyse löslicher Sulfide führen zum analogen Anion SH^-; ganz ähnlich verhalten sich die restlichen Elemente der Gruppe. Mit zunehmenden Atomgewichten der Chalkogene nimmt die Beständigkeit der Hydrogenchalkogenid-Anionen ab.

Die Elemente bilden Wasserstoffverbindungen, die meist große Flüchtigkeit besitzen. Wasser, H_2O, unterscheidet sich von den übrigen Hydriden durch gewisse signifikante Abweichungen: Sein Dampfdruck ist wegen starker Molekülassoziation viel geringer, als nach der Stel-

lung des Sauerstoffs im Periodensystem zu erwarten wäre. Schmelz-
punkt und Siedepunkt liegen demnach hoch. Wasser ist thermisch sehr
stabil. Die thermische Beständigkeit der Wasserstoffverbindungen
nimmt innerhalb der Gruppe mit steigendem Atomgewicht der Chalkogene ab, während sich der Säurecharakter in derselben Reihenfolge erhöht. H_2S ist also stärker sauer als H_2O. Die geringe Ionisationsnei-
gung von Wasser läßt sich wiederum auf die Wasserstoffbrücken zurückführen, die auch schon für die erwähnte Molekülassoziation verantwortlich gemacht wurden. Eine Wasserstoffbrücke ist im Fall
O-H $\cdots$ O stärker als bei S-H $\cdots$ S. Die Hydride mit Ausnahme von
Wasser riechen unangenehm. Wasser ist im allgemeinen ein gutes
Lösungsmittel und führt, obgleich selbst kaum dissoziiert, zu starker
elektrolytischer Dissoziation der gelösten Substanzen. Dies ist hauptsächlich auf die starke Donorwirkung des Sauerstoffs und die Akzep-
torwirkung durch Wasserstoffbrücken zurückzuführen. Schwefelwasserstoff ist kein so ausgeprägtes und gängiges Lösungsmittel; es hat eine
niedrige Dielektrizitätskonstante und bewirkt keine elektrolytische
Dissoziation.

Sauerstoff ist in der Lage, Bindungen mit sich selbst einzugehen. Beispiele bilden — außer dem molekularen Sauerstoff — Wasserstoffper-
oxid und die Metallperoxide. Die Peroxide spalten beim Erhitzen oder
Ansäuern spontan Sauerstoff ab. Man kennt auch analoge Schwefel-
verbindungen. Wie am Beispiel der Polysulfide gezeigt werden kann,
besitzt Schwefel die Tendenz, ziemlich stabile Ketten aufzubauen. Die
Polyselenidbildung ist dagegen weniger ausgeprägt, obgleich die Verbindung H_2Se_2 bekannt ist. Es konnten auch einige instabile Poly-
telluride synthetisiert werden.

Von sämtlichen Elementen der Gruppe sind, neben anderen Oxiden,
die Dioxide bekannt, die sich erheblich voneinander unterscheiden.
Ozon, O_3, kann nicht als Dioxid des Sauerstoffs bezeichnet werden, da
es die Eigenschaften eines Peroxids hat. Schwefeldioxid (Schwefel(IV)-
oxid) ist gasförmig und wasserlöslich. Die wäßrigen Lösungen enthalten die schwache schweflige Säure, die sich beim Erwärmen der
Lösung rasch zersetzt. Schwefeldioxid kann zu Schwefeltrioxid (Schwe-
fel(VI)-oxid) oxidiert oder zu elementarem Schwefel reduziert werden;

es kann demnach sowohl als Reduktions- als auch als Oxidationsmittel wirken. Selendioxid ist fest und ebenfalls, unter Bildung von seleniger Säure, wasserlöslich. Selenige Säure ist schwächer sauer als schweflige Säure. SeO_2 besitzt Oxidationswirkung, die wegen ihrer Selektivität besondere Anwendung in der organischen Chemie findet. Die Substanz läßt sich nur sehr schwierig in SeO_3 überführen, so daß ihre reduzierenden Eigenschaften kaum nennenswert sind. Tellurdioxid ist ebenfalls fest, jedoch in Wasser kaum löslich. Es löst sich in Alkalilaugen, wobei Alkalitelluritlösungen entstehen. TeO_2 bildet mit starken Säuren Additionsverbindungen; die Lösungen enthalten geringe Konzentrationen an Te^{4+}-Ionen, d. h. Tellurdioxid ist amphoter. Tellurige Säure ist schwächer als selenige Säure und außerdem auch schwächer als Kohlensäure.

Schwefel, Selen und Tellur können auch in die Trioxide übergeführt werden. SeO_3 und TeO_3 erhält man durch Entwässern der entsprechenden Säuren H_2SeO_4 und H_6TeO_6 in guter Ausbeute. Schwefelsäure, H_2SO_4, und Selensäure, H_2SeO_4, verhalten sich recht ähnlich, während Tellursäure abweichende Eigenschaften zeigt. Letztere kommt in Form der festen Orthotellursäure, $Te(OH)_6$, von der auch einige Salze und Ester bekannt sind, frei vor. Die Säure neigt zur Polykondensation, läßt sich leicht in kolloidale Form überführen und besitzt stärkere Oxidationseigenschaften als Selensäure und Schwefelsäure. Tellurate sind mit Sulfaten und Selenaten im allgemeinen nicht isomorph. Tellursäure ist eine schwächere Säure als Schwefelsäure und Selensäure, während letztere einen etwas stärkeren Säuregrad als Schwefelsäure besitzt.

Mit Ausnahme der Halogenide sind die Verbindungen von Sauerstoff und Schwefel einander sehr ähnlich. Sauerstoff kann unter bestimmten experimentellen Bedingungen mit Halogenen zur Umsetzung gebracht werden, und es entstehen sehr instabile reaktionsfähige Produkte wie z. B. die bekannten Halogenmonoxide oder -dioxide, in denen der Sauerstoff zweiwertig vorliegt. Von Schwefel, Selen und Tellur sind die Hexafluoride bekannt; auch hier überführt Fluor, das elektronegativste Element, die Elemente in ihre höchstmögliche Wertigkeitsstufe $+ 6$. Schwefel- und Selenhexafluorid haben kovalente Bindungen und sind beständig. Tellurhexafluorid wird durch Wasser hydrolysiert; die maximale Koordination für Tellur beträgt 8. Außer den Hexafluoriden kennt man auch andere Halogenide, die allerdings geringere Beständigkeit aufweisen. Schwefelmonohalogenide und Schwefeldihalogenide sind leicht hydrolysierbare, instabile Flüssigkeiten. Von Selen und Tellur existieren einige Tetrahalogenide; dies deutet auf ein inertes Elektronenpaar hin. Eine Hydrolyse erfolgt bei den Selenhalogeniden leichter als bei den Tellurhalogeniden. Letztere, obgleich leicht verdampfbar, zeigen sogar geringe, elektrische Leitfähigkeit.

Die verschiedenen Möglichkeiten der Valenzbetätigung bei den Chalkogenen können wie folgt zusammenfassend beschrieben werden:

1. Das Zentralatom ist zweiwertig[17] und enthält heteropolar oder homöopolar gebundene Liganden, in jedem Fall unter Ausbildung eines Oktetts.

2. Bei Selen und Tellur kann das Zentralatom vierwertig sein und enthält dann neben dem Oktett aus vier Elektronenpaarbindungen noch zusätzlich ein inertes Elektronenpaar. Schwefel scheint nicht zu dieser Kategorie zu zählen.

3. $O = S \rightarrow O$ enthält vierwertigen Schwefel. Ein Sauerstoffatom ist durch koordinative Bindung, das andere durch Doppelbindung mit dem Zentralatom verknüpft. Der Schwefel enthält hier drei an den Bindungen beteiligte Elektronenpaare sowie ein nichtbindendes Elektronenpaar, insgesamt also ein Oktett.

4. Das Zentralatom (Schwefel, Selen, Tellur) ist sechswertig und enthält insgesamt zwölf an den Bindungen beteiligte Elektronen. Im Fall von $O = S \begin{smallmatrix} \nearrow O \\ \searrow O \end{smallmatrix}$ sind zwei Sauerstoffatome koordinativ gebunden; hier werden nur acht Elektronen voll zur Bindungsbildung herangezogen.

5. Vierwertiges Tellur liegt als heteropolare Verbindung (Te^{4+}) vor und enthält ein inertes Elektronenpaar.

6. Sauerstoff und Schwefel können in den „Oxonium"- und „Sulfonium"-Verbindungen unter Abgabe eines Elektrons dreibindig[17]

---

[17] Anmerkung des Übersetzers: Im deutschen Sprachgebrauch unterscheidet man zwischen Wertigkeit und Bindigkeit eines Elements. So ist Schwefel in SO_2 vierwertig, aber dreibindig (vgl. *F. Seel*, Angew. Chem. *66*, 581 [1954]).

werden. Das in allen Säuren vorliegende Hydroxonium-Ion, $(H_3O)^+$, bildet ein bekanntes Beispiel für diesen Bindungstyp. Es gibt zahlreiche organische Sauerstoff- und Schwefelderivate mit „onium"-Struktur.

Die Chemie der Chalkogene wird durch diese zahlreichen Bindungsmöglichkeiten sehr vielfältig und auch kompliziert. Sie ist diesbezüglich am ehesten mit der der Übergangsmetalle vergleichbar, deren Valenzänderungen durch Elektronenübergänge von der zweitäußersten zur äußersten Schale ausgelöst werden. Im Falle der Chalkogene ist der Aufbau von Elektronenoktetts kein so entscheidender Vorgang, als daß dadurch das Verhalten der Elemente völlig geprägt wäre. Vielmehr wird das Oktett hier mehr oder weniger stark an Bindungen beteiligt oder erweitert sich sogar, je nach den Bedingungen.

Vom Schwefel kennt man eine ganze Reihe Sauerstoffsäuren, die wegen der großen Beständigkeit der Schwefelketten mehr als ein Schwefelatom enthalten. Der Schwefel kann teilweise, meist jedoch nicht vollständig, durch Selen oder Tellur substituiert werden. Die Sauerstoffsäuren anderer Elemente wie Kohlenstoff, Arsen, Antimon usw. lassen sich in die Thiosäuren umwandeln, d. h. die Sauerstoffatome werden durch Schwefelatome ersetzt.

Zahlreiche Sauerstoffsäuren von Schwefel, Selen und Tellur bilden auch organische Derivate. Außer den Estern existieren Verbindungen, bei denen die Hydroxylgruppen der Säuren durch Alkyl- oder Arylreste ersetzt sind. Hier liegen stabile Chalkogen-Kohlenstoff-Bindungen vor.

Die Verwandtschaft zwischen Schwefel und Selen ist besonders stark ausgeprägt, aber auch insgesamt zeigen die Chalkogene zahlreiche ähnliche Eigenschaften.

3.5. Gruppe VIIA: Die Halogene

Fluor	2.(2,5)
Chlor	2.8.(2,5)
Brom	2.8.18.(2,5)
Jod	2.8.18.18.(2,5)
Astatium	2.8.18.32.18.(2,5)

Diese Elemente stehen jeweils nur eine Position vor einem Edelgas. Die Elektronenaffinität der Atome zur Vervollständigung des Oktetts ist deshalb besonders stark und erklärt die große Reaktivität sowie die hohe Elektronegativität der Halogene. Die freien Elemente kommen molekular vor: je zwei Atome sind kovalent miteinander verknüpft und bilden ein Molekül. Die Halogene sind deshalb leicht flüchtig; ihre Schmelz- und Siedepunkte erhöhen sich mit steigendem Molekulargewicht. Sie zeichnen sich durch starke Aggressivität aus, riechen unangenehm ätzend und sind giftig.

Der heteropolare Anteil bei Anionen mit kleinem Ionenradius ist gemäß den Regeln nach *Fajans* besonders stark ausgeprägt; deshalb ist Fluor das reaktionsfähigste Element. Das Reaktionsvermögen der Halogene nimmt mit zunehmendem Atomradius ab, wie sich leicht anhand der Oxidationspotentiale zeigen läßt: ein Halogen mit leichterem Atomgewicht oxidiert immer ein Halogenid-Anion mit schwererem Atomgewicht, z. B. $Cl_2 + 2Br^- \rightarrow Br_2 + 2Cl^-$. Das leichtere Halogen ist stets elektronegativer.

Fluor reagiert mit den meisten Elementen schon bei Zimmertemperatur oder bei schwacher Temperaturerhöhung; die Umsetzung verläuft meist sehr stürmisch. Dabei wird das Element durch das Fluor im allgemeinen — Übergangselemente bilden manchmal Ausnahmen — zur höchstmöglichen Oxidationsstufe oxidiert. Dies gilt teilweise auch für Halogene selbst (vgl. JF_7). Metallfluoride sind sehr oft heteropolar, selbst wenn andere Halogenide desselben Elements weitgehend kovalente Verbindungen sind (vgl. Al, Hg); innerhalb der Halogenidreihe eines Elements sind die Fluoride also immer am stärksten heteropolar. Bezüglich ihrer Löslichkeit unterscheiden sie sich oft von den übrigen Halogeniden. So ist Silberfluorid als einziges Silberhalogenid wasserlöslich, während sonst meist umgekehrt die Fluoride die schwerstlöslichen Verbindungen innerhalb der Halogenidreihe sind (vgl. Ca, Mg). Chlor setzt sich fast mit ebensovielen Elementen um wie Fluor; die Reaktionen verlaufen weniger heftig und sind bei Brom und Jod noch entsprechend schwächer.

Die Halogenwasserstoffe sind kovalente, leicht flüchtige Verbindungen. Ihre Löslichkeit in Wasser ist sehr hoch. In den entstehenden Lösungen sind sie, mit Ausnahme des Fluorwasserstoffs, stark dissoziierte Säuren. HF-Moleküle assoziieren sich durch Bildung von Wasserstoffbrücken. Deshalb sind Dampfdruck und Ionisationsgrad der Verbindung im Vergleich zu den übrigen Halogenwasserstoffen gering; außerdem können sich saure Fluoride bilden. Der beim Lösen der Halogenwasserstoffe in Wasser eintretende spontane Wechsel von kovalenter zu heteropolarer Struktur ist mit der Bildung der Hydroxonium-Ionen eng verknüpft.

Die kovalenten Halogenwasserstoffe können ihrem Bindungstyp nach am besten mit den freien Halogenen selbst verglichen werden. Auf dieser Basis wäre auch ein Vergleich des Wasserstoffmoleküls mit den Halogenmolekülen gerechtfertigt. Es sei aber darauf hingewiesen, daß Wasserstoff, trotz seines sehr kleinen Molekulargewichts, eine noch geringere Elektronegativität als Jod aufweist. Die an gasförmigen Halogenwasserstoffen gemessenen Dipolmomente nehmen mit größer werdendem Halogen ab. Sie weisen darauf hin, daß das die kovalente Bindung zwischen Wasserstoff und Halogen aufbauende Elektronenpaar nicht zur Hälfte jeweils einem Atom zugeordnet werden kann: die beiden Elektronen werden vom Halogen stärker beansprucht, und das Halogen stellt somit den negativen Teil des Dipols dar. Eine ähnliche Elektronenverteilung liegt auch bei den Interhalogenverbindungen vor. Auch hier bildet das leichtere Halogen den negativen Partner.

Von Fluor sind keine Sauerstoffsäuren bekannt, obgleich es vier Fluoroxide gibt. Diese sind reaktiv und instabil und belegen somit die geringe Neigung des Fluors, sich mit Sauerstoff zu verbinden. Überhaupt sind nur wenige Sauerstoff-Fluor-Verbindungen bekannt, während die anderen Halogene häufig mit Sauerstoff zusammen in Verbindungen auftreten. Chlor bildet eine Reihe von Sauerstoffsäuren, die eins bis vier Sauerstoffatome pro Chloratom enthalten. Die stark sauer reagierende Perchlorsäure ist beständig, ein Hinweis auf die Stabilität der Oktettkonfiguration mit hälftigem Anteil der vier Bindungselektronenpaare beim Chlor. Entsprechende Sauerstoffsäuren von Brom enthalten nur bis maximal drei Sauerstoffatome pro Bromatom, obgleich bei Jod (analog zu Chlor) die Perjodsäure existiert. Chlor bildet wie Fluor einige Oxide, die starkes Oxidationsvermögen besitzen und ebenfalls wenig stabil sind. Auch die Stabilität der drei bekannten Bromoxide ist gering. Nur die Jodoxide zeigen innerhalb der Serie der Halogen-Sauerstoff-Verbindungen verhältnismäßig gute Beständigkeit. Diese Beobachtung und außerdem die Tatsache, daß in einigen Verbindungen wie Jodchlorid oder Jodsulfat Jod als Kation vorliegen kann, deuten auf schwach „metallische" Eigenschaften des Halogens.

Ebenfalls zahlreich vertreten sind Halogenderivate in der organischen Chemie. Die Fluoride unterscheiden sich ihrem Verhalten nach meist stark von den übrigen Halogenverbindungen. So sind hochfluorierte organische Substanzen gegenüber Hydrolyse- und anderen Substitutionsreaktionen ziemlich resistent. Auch mit Magnesium reagieren die organischen Fluorverbindungen sehr viel träger — wenn überhaupt — als die übrigen Halogenverbindungen zu *Grignard*-Reagentien. Hochfluorierte Substanzen sind weniger toxisch als die entsprechenden Chloride.

All diese Hinweise zeigen, daß beim Übergang vom Fluor zum Chlor hin eine viel stärkere Diskontinuität vorliegt, als dies zwischen den übrigen Halogenen der Fall ist.

Astatium und seine Verbindungen bedürfen noch einer intensiven Erforschung. Die bisher erzielten Ergebnisse reichen allerdings aus, um die vorhergesagten Eigenschaften zu bestätigen. Astatium zeigt in vieler Hinsicht Ähnlichkeit mit Jod, allerdings mit noch stärkerer Tendenz zur Kationenbildung. Es ist stark radioaktiv, und selbst seine stabilsten Isotope besitzen Halbwertszeiten von nur wenigen Stunden.

3.6. Gruppe 0: Die Edelgase

Helium	2
Neon	2.8
Argon	2.8.8
Krypton	2.8.18.8
Xenon	2.8.18.18.8
Radon	2.8.18.32.18.8

Kurz vor der Jahrhundertwende wurden die Edelgase durch die Pionierarbeiten von *Lord Rayleigh* und seiner Schule entdeckt und isoliert. Man zählt diese Elemente zu den selten vorkommenden, obgleich dies speziell für Argon (sein Anteil in der Atmosphäre beträgt annähernd 1 Prozent) nicht zutrifft. Die Einordnung der Edelgase in das damals schon bekannte Periodensystem bereitete keinerlei Schwierigkeiten. Man setzte sie quasi als „Pufferzone" zwischen Halogene und Alkalimetalle, also zwischen die Elemente mit extremer Elektronegativität und extremer Elektropositivität.

Noch vor einigen Jahren vertrat man die Ansicht, daß eine Edelgaschemie durch Aufbau von Edelgasverbindungen wegen des inerten Charakters der Elemente unmöglich sei. Im Jahre 1963 trat eine Wende ein: Xenontetrafluorid, XeF_4, und Kryptontetrafluorid, KrF_4, wurden in reinem kristallinem Zustand hergestellt. Ferner erhielt man auch ein komplexes Fluorid, $Xe^+(PtF_6)^-$. Die allgemeine Erfahrung lehrt, daß eine Reaktion, falls sie überhaupt eintritt, leichter mit großen Atomen erfolgt. Dies wird hier bestätigt. So ist insbesondere das erste Ionisationspotential von Xenon nicht einmal so hoch, wie jenes vieler Metalle.

Später fand man weitere Xenonfluoride und -oxidfluoride. Es sind auch — allerdings instabile — Oxide bekannt: XeO_3 und XeO_4.

Viel früher schon stellte man fest, daß Argon, Krypton und Xenon Hydrate bilden und erhärtete dies anhand von Dissoziationsdruck-Kurven; bei 0 °C sind die Dissoziationsdrücke alle größer als 1 Atmosphäre, und die Hydrate sind deshalb nur bei sehr tiefen Temperaturen beständig. Es läßt sich auch hier feststellen, daß die Donoreigenschaften mit der Größe des Atoms zunehmen. Deshalb ist Xenonhydrat in der Reihe der Edelgashydrate am stabilsten. Argon und Xenon können auch Einschlußverbindungen, sogenannte Clathrate bilden. Clathrate mit Hydrochinon z. B. sind leicht zugänglich. Bei diesen Verbindungen liegen freilich keine normalen chemischen Bindungen im Sinne einer Valenzabsättigung vor, sondern die Edelgasatome sind auf Zwischengitterplätze im Hydrochinonkristall fixiert und können nicht herausdiffundieren. Das Clathrat zersetzt sich erst beim Schmelzen oder in Lösung in seine Komponenten. Leichte Edelgase haben zu kleine, schwere zu große Atomradien, um in das Hydrochinongitter eingebaut zu werden; nur Edelgase mittlerer Größe sind dazu geeignet.

Die Elemente kommen ausnahmslos nur atomar vor. Ihre Atomgewichte wurden durch Dampfdruckmessung oder mit Hilfe der Massenspektrometrie bestimmt. Man verwendet die Edelgase fast ausschließlich als Schutzgase, insbesondere in der Glühlampen-Industrie. Das Periodensystem und vor allem die dortige Position der Edelgase stellten beim Aufbau der modernen Atomstrukturlehre und der Bindungstheorie eine wesentliche Hilfe dar. Man erkannte, daß Edelgasatome eine besonders stabile Struktur besitzen, und daß die Wertigkeit mit der Platzzahl eines vor oder nach einem Edelgas eingeordneten Elementes (zumindest für die Elemente der Kurzperioden gültig) übereinstimmt. Demnach streben die Elemente bei chemischen Umsetzungen die besonders stabile *Edelgaskonfiguration* an: In die Valenzschale werden, wie bei den Edelgasen, acht Elektronen eingebaut (Oktettregel). Die einzige Ausnahme bildet Helium. Hier ist nur insgesamt eine Elektronenschale, die K-Schale, vorhanden; sie ist mit zwei Elektronen abgesättigt.

Radon tritt bei radioaktiven Zerfallsreihen auf. Es ist selbst radioaktiv und wird deshalb in der medizinischen Strahlentherapie verwendet. Sein früherer Name war „Emanation". Verschiedene Isotope kommen in Begleitung mit Radium, Thorium und Actinium vor. Auch Helium ist ein Begleitelement radioaktiver Mineralien, da die bei Zerfällen sehr häufig emittierten α-Teilchen Heliumkerne sind. Der Heliumkern ist aus zwei Protonen und zwei Neutronen zusammengesetzt und bildet eine sehr stabile Einheit.

Zusammenfassend sei nochmals darauf hingewiesen, daß die große Bedeutung der Edelgase fast ausschließlich auf theoretische Gebiete beschränkt ist.

4. Die d-Elemente

4.1. Gruppe IIIB: Die Scandiumgruppe

Scandium[18]	2.8.(8,1)2
Yttrium	2.8.18.(8,1)2
Lanthan	2.8.18.18.(8,1)2
Actinium	2.8.18.32.18.(8,1)2

Diese Elemente bilden die erste Gruppe der d-Serie. Der Elektronen-einbau wird ab hier nicht mehr auf der äußersten Schale fortgesetzt, sondern in die zweitäußerste Schale verlegt. Die äußerste Bahn ent-hält demnach zwei s-Elektronen, während die zweitäußerste Schale außer den beiden s- und sechs p-Elektronen ein d-Elektron enthält. Dieses d-Elektron wird, ebenso wie die beiden s-Elektronen der Valenz-schale, zur chemischen Bindung beansprucht, da sein Übergang in die äußere Schale keiner großen Energie bedarf. Die Oxidationszahl + 3 der Elemente dieser Gruppe läßt sich dadurch einfach erklären.

Die oben aufgeführten Elemente sind durchweg seltene Metalle, die stärkere Elektropositivität als Aluminium besitzen. Die elektroposi-tiven Eigenschaften innerhalb der Serie nehmen, wie üblich, mit größer-werdendem Atomgewicht zu. Scandiumoxid und -hydroxid reagieren schwach basisch; die stärkere Basizität des Lanthanoxids ist etwa mit der von Calciumoxid zu vergleichen. Actiniumoxid ist dem Lanthan-oxid sehr ähnlich und besitzt noch stärker basischen Charakter. Hydro-lysierbarkeit sowie Komplexbildungstendenz nehmen mit größerwer-dendem Atomradius ab. Die Unterschiede zwischen Lanthan- und

---

[18] Anmerkung des Übersetzers: Von den beiden in Klammern stehenden Zahlen gibt die erste die Zahl der s + p-Elektronen, die zweite die Zahl der d-Elektronen in der zweitäußersten besetzten Elektronenschale an.

Actiniumverbindungen sind sehr gering, und eine quantitative Trennung der Elemente kann nur mit Hilfe von Ionenaustauschern erreicht werden.

Dem Lanthan folgen mit steigender Ordnungszahl 14 Elemente, die man zu den f-Elementen zählt, die sog. *Lanthaniden.* Hier wird das 4f-Niveau nacheinander mit 14 Elektronen besetzt[19], d. h. die vierte Elektronenschale erweitert sich von 18 auf 32 Elektronen, der Maximalzahl dieser Bahn. Auf das Actinium folgen in völliger Analogie 14 *Actiniden,* bei denen das 5f-Niveau von 18 auf 32 Elektronen ergänzt wird. Man bezeichnet die Lanthaniden und die Actiniden als *Innere Übergangselemente,* während man die Elemente der d-Serie einfach *Übergangselemente* nennt. Die Elemente der Scandiumgruppe zeigen nicht die typischen Eigenschaften der Übergangsmetalle: Sie kommen nicht in mehreren Wertigkeitsstufen vor, besitzen keine katalytische Wirkung, und ihre Ionen sind farblos. Andererseits liefern sie aber charakteristische Spektren, wie sie bei Übergangsmetallen beobachtet werden und neigen außerdem zur Komplexbildung.

Eine detaillierte Besprechung der Lanthaniden und Actiniden erfolgt an anderer Stelle (S. 87).

4.2. Gruppe IVB: Die Titangruppe

Titan	2.8(8,2)2
Zirkon	2.8.18.(8,2)2
Hafnium	2.8.18.32.(8,2)2

In älteren Ausgaben des Periodensystems wird noch das Thorium zur Titangruppe gezählt. Heute rechnet man Thorium gewöhnlich den Actinidenelementen (vgl. S. 87) zu, obwohl es kein f-Element ist und in seiner Elektronenkonfiguration tatsächlich den Elementen der Titangruppe entspricht (vgl. Tabelle der Elektronkonfigurationen der Elemente am Schluß des Buches).

---

[19] Anmerkung des Übersetzers: Die Kontinuität bei der Besetzung wird teilweise durchbrochen (vgl. Elektronenkonfigurationstabelle am Ende des Buches).

Zirkon und Hafnium haben so ähnliche Eigenschaften, daß sie nur schwer zu unterscheiden sind. Somit sind in der Titangruppe nur sehr geringe Abstufungen der Eigenschaften für vergleichende Betrachtungen gegeben.

Der Elektronenaufbau von Titan läßt sich durch die Anordnung 2.8.(8,2)2 beschreiben. Zweiwertiges Titan ist ziemlich instabil; es besitzt auch im dreiwertigen Zustand noch starke Reduktionseigenschaften und zeigt in jedem Fall die Tendenz, in die beständige vierwertige Form überzugehen. Die Verhältnisse bei Zirkon und Hafnium liegen ähnlich; hier sind die niedrigen Wertigkeitsstufen noch unbeständiger. Die Metalle haben hohe Schmelzpunkte und reagieren bei höheren Temperaturen sehr heftig mit Sauerstoff, Stickstoff und Kohlenstoff. Ihre Reindarstellung ist deshalb sehr schwierig. Als beste Methode hat sich die thermische Zersetzung der verdampfbaren Tetrajodide am Wolframdraht erwiesen. Wegen seiner großen Affinität zu Sauerstoff und Stickstoff ist Titan ein vorzüglicher Legierungsbestandteil in Spezialstählen. Es genügen geringe Zusätze, um sehr widerstandsfähige Legierungen herzustellen. Bei der Bereitung der Legierung bindet das Titan die anwesenden Verunreinigungen an Gasen. Zirkon verhält sich ganz ähnlich. Deshalb verwendet man beide Metalle auch in der Hochvakuumtechnik als „Gettersubstanzen", um die letzten Spuren von Luft aus den zu evakuierenden Gefäßen zu entfernen.

Bei Zimmertemperatur verhalten sich die Elemente ziemlich inert. Mit Säuren reagieren sie erst beim Erwärmen. Auch zur Umsetzung mit Halogenen ist eine leichte Temperaturerhöhung erforderlich.

Hafnium hat die Ordnungszahl 72 und schließt sich im Periodensystem direkt an die Lanthaniden an. Deshalb zeigt es den Effekt der „Lanthanidenkontraktion" und hat aus diesem Grund denselben Atom- und Ionenradius (Abweichungen liegen innerhalb der Meßgenauigkeit) wie Zirkon. Hafnium und Zirkon sind demnach, wie schon erwähnt, sehr ähnliche Elemente. Ihre Übereinstimmung ist größer als die zweier benachbarter Lanthaniden, und ihre Trennung ist mit großem Aufwand verbunden. Im modernen Laboratorium wird die Isolierung über die Tetrachloride in Methanol mit Hilfe von Ionenaustauschern durchgeführt.

Die drei Elemente der Titangruppe bilden sehr harte und gegenüber chemischen Einwirkungen sehr beständige Carbide (TiC). Die Verbindungen sind mit Siliciumcarbid vergleichbar, haben sonst aber keinerlei Beziehung zur Kohlenstoffgruppe.

Erhitzt man die Metalle unter Stickstoffatmosphäre, so entstehen beständige, nichtschmelzbare Nitride; diese haben Natriumchlorid-Struktur und zeigen geringe elektrische Leitfähigkeit. Die Leitfähigkeit kann entweder auf die Existenz von N^{3-}-Ionen zurückgeführt werden, oder aber läßt sie sich vom metallischen Grundgitter, in dem sich die Stickstoffatome in den „Zwickeln" der dichtesten Metallkugelpackung statistisch verteilt befinden, ableiten.

Die Dioxide zeigen untereinander ebenfalls große Ähnlichkeit. Sie sind sehr beständig und gegen chemische Einflüsse ziemlich resistent. Sie werden von Säuren nicht angegriffen, lösen sich aber in einer Alkalischmelze langsam auf. Der Säuregrad der Hydroxide nimmt mit steigendem Atomgewicht ab. Die Oxidhydrate neigen zur Kolloidbildung und spalten leicht Wasser ab. Titandioxid läßt sich mit geschmolzenem Alkali in Titanate überführen. Diese gleichen den Silikaten, lassen sich aber viel leichter hydrolysieren. Frisch gefälltes Titandioxidhydrat löst sich unter Bildung von Titansalzen in Säuren. Die Säurelöslichkeit ist bei den Oxidhydraten von Zirkon und Hafnium noch wesentlich gesteigert, da diese Verbindungen als Basen fungieren. Dementsprechend lösen sie sich nur noch sehr schwer in Laugen.

Die Tetrahalogenide sind flüchtige, kovalente Derivate, die selbst in Säuren der Hydrolyse unterliegen. Die Bildung von Salzen von Oxysäuren ist bei Zirkon und Hafnium noch stärker ausgeprägt als bei Titan. Titanverbindungen lassen sich durch Reduktion leicht in den dreiwertigen Zustand überführen. Die entstehenden Sustanzen haben starke Reduktionseigenschaften und sind nur in Wasserstoffatmosphäre, nicht dagegen an Luft, beständig. Außerdem kennt man auch zweiwertige Titanverbindungen. Zirkon und Hafnium können ebenfalls in die drei- bzw. zweiwertige Form übergeführt werden. Alle vom stabilen vierwertigen Zustand abweichenden Verbindungen der Titangruppe sind unbeständig, reagieren mit Luft und sind, wie die meisten Derivate von Übergangsmetallen, gefärbt.

Man kennt auch zahlreiche Komplexverbindungen, insbesondere solche, bei denen sauerstoffhaltige Liganden vorliegen. Besonders beständig sind Chelatkomplexe mit β-Diketonen. Die Tendenz zur Komplexbildung nimmt mit zunehmendem Atomgewicht des Zentralatoms ab. Aus den erwähnten Eigenschaften ist zu entnehmen, daß die Elektropositivität der Elemente von Titan zu Hafnium hin zunimmt. Außerdem sind fast alle Übergangsmetalleigenschaften in charakteristischer Weise ausgeprägt.

4.3. Gruppe VB: Die Vanadingruppe

Vanadin	2.8.(8,3)2
Niob	2.8.18.(8,4)1
Tantal	2.8.18.32.(8,3)2

Diese Nebengruppe enthält, wie die Titangruppe, nur drei Elemente, da Protactinium als zweites Element in die Actiniden-Reihe eingeordnet ist.

Vanadin kommt verhältnismäßig selten vor, noch seltener als Niob und Tantal. Die Anreicherung der Metalle bereitet Schwierigkeiten. Die reinen Metalle sind in der Technik wenig gefragt. Statt dessen verwendet man deren Eisenlegierungen, z. B. Ferrovanadin, die als Zusätze für Speziallegierungen dienen. Kleine Vanadinkonzentrationen wirken dabei, wie Mangan oder Titan, als Sauerstofffänger; größere Zuschläge liefern besonders zähe Stähle. Niob und Tantal verhalten sich gegenüber chemischen Einwirkungen äußerst resistent. Auch niob- und tantalhaltige Legierungen besitzen diese Eigenschaft und werden deshalb als korrosionsfeste Hochtemperaturstähle verwendet.

Halogene sowie oxidierende Säuren greifen Vanadin an. Bei hohen Temperaturen reagiert es auch mit Sauerstoff und Schwefel. Niob setzt sich ebenfalls mit Halogen um, während es gegenüber Säuren sehr beständig ist. Tantal zeigt noch geringeres Reaktionsvermögen und kann erst bei kräftiger Temperaturerhöhung zur Umsetzung gebracht werden.

Die Metalle besitzen typische Übergangsmetalleigenschaften: Existenz mehrerer Wertigkeitsstufen, gefärbte Verbindungen — insbesondere in niedrigen Valenzzuständen — und katalytische Aktivität. Vanadinpentoxid wird bei mehreren großtechnischen Prozessen als Katalysator verwendet. Vanadin kann alle Oxidationsstufen von zwei bis fünf annehmen. Die zwei- und dreiwertigen Verbindungen sind intensiv gefärbt und besitzen stark reduzierende Wirkung. Die Oxide dieser Wertigkeitsstufen sind basisch. Vanadin(IV)-Verbindungen verhalten sich amphoter und bilden das Vanadinoxid-Kation, VO^{2+}. Von derselben Oxidationsstufe kennt man auch wenig beständige Vanadite. Am beständigsten sind, wie zu erwarten, Derivate des fünfwertigen Vanadins. Vanadin(V)-oxid ist eine schwache Säure und kann deshalb in Vanadate, die meist farblos sind, übergeführt werden. Starke Säuren sind in der Lage, Vanadinpentoxid in Vanadinoxidsalze (VO^{3+} als Kation) umzuwandeln. V_2O_5 besitzt demnach auch schwach basischen Charakter.

Niob und Tantal sind einander sehr ähnlich. Sie kommen in der Natur gemeinsam vor, und ihre Trennung ist verhältnismäßig schwierig. Die enge Verwandtschaft ist eine Auswirkung der „Lanthanidenkontraktion", aufgrund deren die Atomradien der beiden Elemente fast gleich groß sind. Als Vertreter für die zweiwertige Oxidationsstufe des Niobs sei das Oxid, NbO, angeführt. Die Wertigkeitsstufen drei und vier sind ebenfalls bekannt. Alle Verbindungen, die von der beständigen fünfwertigen Form abweichen, zeigen starke Reduktionswirkung. Niobpentoxid ist amphoter, allerdings mit stärker basischen als sauren Eigenschaften. Es verhält sich bei normaler und schwach erhöhter Temperatur äußerst resistent gegenüber chemischen Einflüssen.

Tantal entspricht alldem fast völlig. Das Pentoxid ist noch schwerer zur Umsetzung zu bringen als Niobpentoxid; lediglich frisch gefälltes Tantalpentoxidhydrat löst sich sowohl in Säuren als auch in geschmolzenen Alkalien.

Alle Elemente der Gruppe sind als fünfwertige Verbindungen am stabilsten. Niedrigere Wertigkeitsstufen werden mit steigendem Atomgewicht des betreffenden Metalls unbeständiger, und ensprechende Verbindungen von Niob und Tantal sind nicht heteropolar im Sinne von Salzen.

Vanadate, Niobate und Tantalate, die aus den Pentoxiden durch

Alkalischmelze gewonnen werden, haben mit Phosphaten und Arsenaten gewisse Ähnlichkeiten. Diese Verbindungen sind in der Lage, kondensierte Säuren bzw. Isopolysäuren zu bilden. Da diese Reaktionen bei Vanadin, Niob und Tantal reversibel sind, liegt eine gewisse Parallelität zu Chromsäure vor. Stark alkalische Lösungen enthalten einfache Anionen (Vanadat, Niobat, Tantalat), die sich beim Ansäuern mit abnehmendem pH-Wert zunehmend kondensieren. In stark saurer Lösung fallen dann schließlich die Pentoxidhydrate von Niob und Tantal aus, während sich Vanadinpentoxidhydrat bei Anwendung eines Säureüberschusses auflöst.

Von reinen Halogenverbindungen der fünfwertigen Stufe sind außer Vanadinpentafluorid alle Niob- und Tantalpentahalogenide bekannt. Die Substanzen lassen sich leicht verdampfen und werden in Wasser über die Stufe der Oxidhalogenide hydrolysiert. Tantal bildet kein Oxidhalogenid; diese Eigenschaft benutzt man technisch zur Abtrennung des Elements von Niob. Vanadinoxidchlorid und -oxidbromid (VOX_3) sind leicht flüchtig und zum überwiegenden Teil kovalent. Ferner gibt es auch einige stark heteropolare Vanadinoxidsalze, die in wäßriger Lösung den elektrischen Strom recht gut leiten.

Die Anzahl an Komplexverbindungen nimmt mit steigendem Atomgewicht ab. Diese Beobachtung und die Tatsache, daß in derselben Reihenfolge die Acidität der Pentoxide abfällt, erlauben den Schluß, daß die Elektropositivität mit zunehmender Ordnungszahl ansteigt. Andererseits sprechen die geringe Reaktivität von Niob und Tantal, sowie das Fehlen irgendwelcher heteropolarer Niob- und Tantalsalze dagegen, daß diese beiden Elemente elektropositiver als Vanadin sein sollen. Dieser Widerspruch wird noch von allgemeiner Perspektive aus erläutert werden (S. 93 f.).

Die ersten, in Gruppe IIIB zusammengefaßten Elemente der Übergangsserie besitzen noch nicht alle für Übergangselemente charakteristischen Eigenschaften. Viel typischer sind die Vertreter der Gruppe IVB oder noch besser die der Gruppe VB, insbesondere das zweite und dritte Element. Außer den schon erwähnten charakteristischen Eigenschaften wie Existenz verschiedener Wertigkeitsstufen, katalytische Wirkung, Paramagnetismus sowie starke Färbung der meisten Derivate kommen hier noch weitere spezifische Charakteristika hinzu: zunehmende Beständigkeit mit steigender Wertigkeit, keine heteropolaren Bindungen bei niederwertigen Verbindungen und hohe Resistenz der Metalle und Metalloxide (sofern letztere in der höchsten Oxidationsstufe vorliegen) gegenüber chemischen Einflüssen. Ähnlichkeiten können demnach nicht nur innerhalb der Gruppen, sondern auch zwischen den „horizontalen" Nachbarelementen festgestellt werden.

4.4. Gruppe VIB: Die Chromgruppe

Chrom	2.8.(8,5)1
Molybdän	2.8.18.(8,5)1
Wolfram	2.8.18.32.(8,4)2

Im Chrom- und Molybdän-Atom sind die d-Niveaus mit je fünf Elektronen halbbesetzt, während sich in der äußersten Schale nur ein s-Elektron befindet. Beim Wolfram-Atom liegt, wie energetische Überlegungen zeigen, eine davon abweichende Anordnung vor: Das 5d-Niveau enthält nur vier, das 6s-Niveau dagegen zwei Elektronen. Diese feinen Unterschiede innerhalb der Elektronenkonfiguration bewirken aber keine nennenswerten Abweichungen im chemischen Verhalten.

Chrom, Molybdän und Wolfram sind ebenfalls Übergangselemente und besitzen große Ähnlichkeit mit ihren benachbarten Elementen der Untergruppen VB und VIIB. Die Lanthanidenkontraktion wirkt sich auch hier noch aus; deshalb gleicht Molybdän in seinen Eigenschaften mehr dem Wolfram als dem Chrom. Mit zunehmenden Atomgewichten steigen die Schmelzpunkte sowie die Resistenz gegenüber chemischen Einflüssen an. Die Metalle sind beachtlich inert. Man verwendet sie meist in Form von Ferrolegierungen als Zusätze für Speziallegierungen, die dann meist genauso korrosionsbeständig sind wie die reinen Metalle der Chromgruppe.

Chrom liegt in seinen Verbindungen hauptsächlich zwei-, drei- oder sechswertig vor; die Verbindungen des dreiwertigen Chroms sind die beständigsten. Chrom(II)-Verbindungen wirken stark reduzierend und werden schon an Luft oxidiert, sofern sie nicht durch Komplexbildung stabilisiert sind. Chrom(III)-Verbindungen ähneln den entsprechenden

Aluminiumverbindungen: Chrom(III)-hydroxid ist amphoter mit leicht überwiegender Basizität. Die meisten Verbindungen des dreiwertigen Chroms sind nur teilweise heteropolar. Sie neigen zur Komplexbildung und in Abhängigkeit vom heteropolaren Anteil auch zur Isomerie.

Chrom(VI)-Verbindungen sind starke Oxidationsmittel. Chrom(VI)-oxid (Chromtrioxid, CrO_3) ist ein leicht flüchtiges, kovalentes Oxid, das sich in viel Wasser zu Chromsäure, in wenig Wasser zu Polychromsäure löst. Man benutzt die stark sauer reagierenden Lösungen häufig zur Oxidation organischer Verbindungen. Die Salze der Chromsäuren wirken in alkalischem Milieu nicht so stark oxidierend wie Permanganate. Sowohl Chromsäure, H_2CrO_4 (nur in verdünnter wäßriger Lösung beständig), als auch die Chromate kondensieren sich mit fallendem pH-Wert; es entstehen Isopolysäuren. Sauerstoffsäuren anderer Elemente können ebenfalls Isopolysäuren bilden; die Reaktion vollzieht sich dort aber meist erst bei Temperaturerhöhung, und die Gleichgewichtsverschiebung erfolgt außerdem nicht so spontan wie bei den Elementen der Chromgruppe.

Molybdän tritt in seinen Verbindungen zwei-, drei-, vier-, fünf- und sechswertig auf. Die sechswertige Stufe ist die beständigste. Derivate der Oxidationsstufe zwei sind selten und besitzen stark reduzierende Eigenschaften. Auch dreiwertige Verbindungen sind ausgeprägte Reduktionsmittel. Molybdän(III)-oxid und -hydroxid lösen sich nicht in Wasser und reagieren basisch. Die wichtigsten Vertreter der Oxidationsstufe vier sind das Disulfid (häufigstes Molybdänmineral) und das Dioxid. Molybdän(IV)-oxid, MoO_2, ist chemisch sehr beständig. Ferner existieren auch Halogenide und einige Komplexverbindungen der vierwertigen Stufe. Vom fünfwertigen Molybdän kennt man das Pentachlorid und einige Molybdänylverbindungen.

Die höchstmögliche Oxidationszahl, also die Gruppenwertigkeit, beträgt sechs. Der repräsentativste Vertreter dafür ist das Molybdän(VI)-oxid (Molybdäntrioxid). Es ist eine farblose, feste, wasserunlösliche Substanz mit Säureeigenschaften. Wie die Chromate neigen auch die Molybdate zur Bildung von Isopolysäuren; der Kondensationsgrad erhöht sich ebenfalls mit abnehmendem pH-Wert des Mediums. Eine weitere interessante Verbindungsklasse stellen die Heteropolysäuren dar. Sie entstehen aus den Isopolysäuren des Molybdäns durch Einschluß eines Säurerestes wie Phosphat, Arsenat oder Silikat. Molybdänsäure ist im Gegensatz zu Chromsäure kein Oxidationsmittel. Mit starken Säuren reagiert sie unter Bildung von Molybdänylverbindungen, was auf schwach basische Eigenschaften der Molybdän-„Säure" hinweist.

Wolfram ist mit Molybdän in vieler Hinsicht verwandt. Die Oxidationsstufen zwei und drei sind ebenfalls recht selten. Repräsentative vierwertige Verbindungen sind auch hier das Disulfid, das Dioxid und die Tetrahalogenide. Die Oxidationsstufe fünf ist durch das Pentafluorid und eine Reihe von Wolframylverbindungen vertreten. Wolfram(VI)-oxid und Wolframsäuren enthalten sechswertiges Wolfram. Wolframsäuren können, analog zu Molybdän, ebenfalls Isopoly- und Heteropolysäuren bilden. Als weitere Vertreter der Oxidationsstufe sechs sind drei flüchtige Halogenide zu erwähnen. Im Gegensatz dazu kennt man vom Molybdän nur das Hexafluorid.

Innerhalb der sechsten Nebengruppe (Gruppe VIB) liegen ähnliche Beziehungen vor wie innerhalb der fünften (Gruppe VB). Mit zunehmender Wertigkeit nimmt die Beständigkeit und somit die Anzahl der Verbindungen zu. Das zweite Element der Gruppe ist dem dritten viel ähnlicher als dem ersten. Andererseits neigen die höherwertigen Verbindungen der Gruppe VIB viel leichter zur partiellen Hydrolyse, und es entstehen dabei Molybdänyl- und Wolframylderivate; dies ist bei Tantalverbindungen nicht der Fall.

4.5. Gruppe VIIB: Die Mangangruppe

Mangan	2.8.(8,5)2
Technetium	2.8.18.(8,5)2
Rhenium	2.8.18.32.(8,5)2

Mangan zählt zu den häufigsten Elementen. Es steht in der Häufigkeitstabelle der Elemente für die Erdkruste etwa an zehnter Stelle. Technetium ist ein künstliches Element und kommt in der Natur nicht vor. Stabile Technetiumisotope sind unbekannt. Ergiebige Rheniummineralien kommen in der Natur nicht vor. Als Spurenelement muß Rhenium deshalb angereichert werden. Das seltene Element und seine Verbindungen sind trotzdem ganz gut erforscht. Die Kenntnisse über Technetium — Technetiumisotope lassen sich durch α-Bestrahlung des Nachbarelements Molybdän darstellen — sind ebenfalls ausreichend, um vergleichende Betrachtungen innerhalb der Mangangruppe anzustellen.

Mangan ist ein wichtiger Bestandteil eisenhaltiger und nichteisenhaltiger Legierungen. Wegen seiner großen Affinität zu Sauerstoff wirken kleine Zusätze in Stählen als Desoxidationsmittel. Einige andere Metalle besitzen, wie schon erwähnt, dieselbe Eigenschaft. Größere Manganzuschläge verleihen den Stählen große Zähigkeit und Härte.

Hinsichtlich seiner Reaktionsfähigkeit ist Mangan mit Magnesium vergleichbar. Das Metall reagiert mit Wasser bei erhöhter Temperatur unter Wasserstoffentwicklung. Die Umsetzung zwischen Metall und verdünnten Säuren, einschließlich Salpetersäure, erfolgt bereits bei Zimmertemperatur; dabei entsteht Wasserstoff, und das Mangan wird in die zweiwertige Stufe übergeführt. Eine Reaktion zwischen Mangan und Stickstoff bei mäßig erhöhter Temperatur erfolgt ebenfalls leicht, analog zu Magnesium. Als Reaktionsprodukt entsteht Mangannitrid.

In seinen übrigen Eigenschaften unterscheidet sich Mangan als typisches Übergangsmetall deutlich vom Magnesium. Seine Verbindungen können die Oxidationszahlen eins bis sieben annehmen. Verbindungen des einwertigen Mangans konnten bislang nur in geringer Zahl in Form von Komplexen dargestellt werden. Die stabilsten Wertigkeitsstufen sind zwei, vier und sieben. In der zweiwertigen Form ist Mangan basisch und bildet typische Salze. Mangan(II)-Ionen besitzen die Elektronenanordnung $2.8.(2,6,5)^{2+}$, d. h. die beiden Valenzelektronen der N-Schale fehlen, und das 3d-Niveau ist halbbesetzt. Diese energetisch günstige Konfiguration erklärt die große Stabilität der Mangan(II)-Salze, die deshalb auch wenig Tendenz zur Komplexbildung zeigen.

Dreiwertige Manganverbindungen sind nur noch schwach basisch. Die wenigen Salze sind ziemlich labil und gehen beim Erwärmen in die zweiwertige Stufe über. Das Mn^{3+}-Ion kann durch Komplexbildung stabilisiert werden. Mangan(IV)-oxid (Mangandioxid) verhält sich amphoter und wirkt oxidierend. Man kann es in Manganite überführen. Eine begrenzte Anzahl vierwertiger Komplexe ist ebenfalls bekannt. Verbindungen des sechswertigen Mangans reagieren nicht mehr basisch; sie besitzen starke Oxidationseigenschaften und disproportionieren, ausgenommen in alkalischer Lösung, zu Mangan(VII)- und Mangan (IV)-Verbindungen.

Die Gruppenwertigkeit und somit die höchstmögliche Oxidationszahl beträgt sieben. Als Vertreter sei Mangan(VII)-oxid (Manganheptoxid) aufgeführt. Sie ist eine ölige, flüchtige, hochexplosive Flüssigkeit. Sie wirkt stark oxidierend und ist das Anhydrid der Übermangansäure, $HMnO_4$. Letztere ist nur in wäßriger Lösung beständig. Ihre Salze, die Permanganate, sind verhältnismäßig stabil und zeigen sowohl in saurer als auch in alkalischer Lösung stark oxidierende Wirkung.

Metallisches Rhenium ist weniger reaktionsfähig als Mangan. Es wird von Halogenen, Sauerstoff und oxidierend wirkenden Säuren, nicht aber von nichtoxidierenden Säuren angegriffen. Das Element kommt in den Oxidationsstufen eins bis sieben vor; die niedrigen Stufen sind unbeständiger als die entsprechenden des Mangans. Re^{3+}-Verbindungen sind etwas stabiler als Mn^{3+}-Derivate. Rhenium(III)-oxid, Re_2O_3, das Oxid der niedrigsten Oxidationsstufe, ist basisch. Re(III)-Verbindungen sind meist nicht salzartig und oft nur in Form von Komplexen beständig. So ist z. B. Rheniumtrifluorid unbekannt. Verbindungen des dreiwertigen Rheniums lassen sich leicht oxidieren. Rhenium(IV)-oxid, ReO_2, ist wie Mangan(IV)-oxid, MnO_2, amphoter, aber kein Oxidationsmittel. Durch weitere Sauerstoffaufnahme, z. B. beim Erhitzen an Luft, bildet sich Rhenium(VII)-oxid. Als Vertreter der Oxidationsstufe vier seien die Rhenite, das Tetrafluorid sowie Komplexsalze vom Typ $Me_2[ReX_6]$ mit $X = F$, Cl, Br und J erwähnt. Komplexe dieser Art sind beim Mangan viel seltener, ein Hinweis, daß Rhenium(IV)-Verbindungen offensichtlich stabiler sind.

Die meisten Rhenium(V)-Verbindungen gehen durch Disproportionierung in Re^{7+} und Re^{4+} über. Die Verbindungen des sechswertigen Rheniums sind noch unbeständiger und disproportionieren auf dieselbe Art. Da bei Rhenium die Oxidationsstufe sieben beständiger ist als beim Mangan, sind Rhenium(VI)-Verbindungen leichter in die siebenwertige Stufe überführbar, d. h. sie sind instabiler als Mangan(VI)-Derivate.

Rhenium(VII)-oxid und die Perrhenate sind beständige Substanzen. Rhenium(VII)-oxid, Re_2O_7, ist eine gelbe, feste, flüchtige Verbindung und kann — im Gegensatz zu Mangan(VII)-oxid, das dabei leicht explodiert — ohne Zersetzung destilliert werden. Es wirkt nicht oxidierend und läßt sich mit Wasserstoff, Kohlenmonoxid oder ähnlichen Reagenzien nur bei erhöhter Temperatur reduzieren. Perrhenate sind im Gegensatz zu den Permanganaten farblos. Ihre Wasserlöslichkeit ist mit den entsprechenden Permanganaten und auch Perchloraten zu vergleichen; mit Ausnahme der Natriumsalze sind selbst die Alkalimetallsalze relativ schwerlöslich. Sowohl Rhenium(VII)-oxid als auch die Perrhenate sind hitzebeständiger als die Permanganate und die Perchlorate. Kaliumperrhenat kann sogar oberhalb 1300 °C destilliert werden. Man benutzt die große Stabilität des siebenwertigen Rheniums, um das Element aus entsprechenden Mineralien, in denen es nur in ppm-Mengen vorliegt, anzureichern und abzutrennen.

Zusammenfassend sei darauf hingewiesen, daß sich die höchste Wertigkeitsstufe innerhalb der Mangangruppe mit steigendem Atomgewicht zunehmend stabilisiert. Diese Beobachtung steht mit den bisher beschriebenen Ergebnissen anderer Nebengruppen in bestem Einklang und gilt besonders für die Gruppe IVB und alle folgenden. Die typischen Nebengruppeneigenschaften sind auch innerhalb der Mangangruppe deutlich ausgeprägt. So existieren zahlreiche Oxidationsstufen, für die charakteristische Färbungen vorliegen; die farblosen Perrhenate und die zart rosa gefärbten Mangan(II)-Verbindungen bilden Ausnahmen. Mangan(IV)-oxid (Mangandioxid, Braunstein) sowie andere Manganverbindungen besitzen katalytische Wirkung. Auch feinverteiltes Rhenium kann als Katalysator benutzt werden. All diese Eigenschaften findet man spezifisch bei den Übergangselementen.

4.6. Gruppe VIII: Die Eisen- und Platingruppe

Eisen	Kobalt	Nickel
2.8.(2,6,6)2	(2,6,7)2	(2,6,8)2
Ruthenium	Rhodium	Palladium
2.8.18.(2,6,7)1	(2,6,8)1	(2,6,10)
Osmium	Iridium	Platin
2.8.18.32.(2,6,6)2	(2,6,7)2	(2,6,9)1

Vergleichende Betrachtungen innerhalb dieser Gruppe sind in vieler Hinsicht sehr schwierig. Die Elemente lassen sich nach verschiedenen Gesichtspunkten zusammenfassen. Als einfachste Kombinationen bieten sich hierfür die vertikale oder die horizontale Anordnung an. Bei der vertikalen Zusamenfassung bezeichnet man die drei resultierenden Gruppen mit VIII, IX und X oder VIIIA, VIIIB und VIIIC. Erstere Schreibweise gibt die Gesamtsumme der d-Elektronen der zweitäußersten und der s-Elektronen der äußersten Bahn an. *Sidgwick* kombinierte die horizontale Gliederung mit der vertikalen und schlug eine neue Anordnung vor: Er faßte die Eisenmetalle in der ersten horizontalen Triade zusammen und ordnete, getrennt davon, die sechs Platinmetalle („Edelmetalle") in drei senkrechte Diaden ein.

Man bezeichnete die Elemente der VIII. Gruppe schon sehr früh als Übergangselemente, obgleich dieser Name in seiner eigentlichen Bedeutung erst viel später erfaßt und erweitert worden ist. Es ist bekannt, daß bei den Übergangselementen der Gruppen IIIB bis VIIB die Gruppenzahl (gleichbedeutend mit der Maximalwertigkeit) gleich der um 8 verminderten Summe der in den beiden äußersten Schalen befindlichen Elektronen ist. Überträgt man dieses Prinzip auf die Gruppe VIII, dann käme man bei vertikaler Anordnung dieser Elemente auf maximale Oxidationszahlen von 8,9 und 10. Die Wertigkeitsstufe + 8 ist bei Ruthenium und Osmium auch tatsächlich bekannt, während die Maximalwertigkeit der übrigen Elemente nur + 6 beträgt, sofern diese Stufe überhaupt erreicht wird. Es ist deshalb nicht sinnvoll, die Gruppenzahlen über 8 hinaus zu erweitern. Sollte die vertikale Anordnung trotzdem beibehalten werden, dann wären demnach die Gruppenbezeichnungen VIIIA, VIIIB und VIIIC logischer. Eine Zusammenfassung der Elemente zu drei horizontalen Triaden kann weder chemisch noch aufgrund elektronischer Konfigurationen begründet werden. Die Elemente innerhalb einer Triade besitzen keine größere Ähnlichkeit als irgend drei benachbarte Nebengruppenelemente innerhalb einer Periode.

Beim Studium der Nebengruppen IVB bis VIIB konnte bisher festgestellt werden, daß innerhalb jeder Gruppe die Verwandtschaft zwischen dem zweiten und dem dritten Element viel stärker ausgeprägt ist als zwischen dem zweiten und dem ersten. Dieser Effekt ist eine Auswirkung der Lanthanidenkontraktion. Außerdem sind beim zweiten und dritten Element jeder Gruppe die höheren Wertigkeitsstufen beständiger, die Neigung zur Komplexbildung ist größer, die Elemente sind edler, und der heteropolare Bindungsanteil ist herabgesetzt. Überträgt man diese Eigenschaften auf die Elemente der Gruppe VIII, dann erscheint die von *Sidgwick* vorgeschlagene Anordnung am sinnvollsten; sie wird heute bevorzugt angewandt.

Eisen, Kobalt und Nickel unterscheiden sich charakteristisch von den edlen Platinmetallen: Sie sind viel reaktionsfähiger, bilden sehr leicht einfache Ionen und erreichen nur unter extremen Bedingungen höhere Oxidationsstufen als drei. Typische Eigenschaften der Übergangsmetalle (katalytische Wirkung, intensive Färbung der Ionen etc.) sind sowohl bei den Eisen- als auch bei den Platinmetallen vorhanden. Auf das ausgeprägte magnetische Verhalten von Eisen ist besonders hinzuweisen. Das Element ist viel reaktiver als Kobalt und Nickel. Es reagiert bei Rotglut mit Wasserdampf unter Entstehung von Fe_3O_4. Bei Kobalt und Nickel sind für dieselbe Umsetzung höhere Temperaturen erforderlich, und es bilden sich dabei nur Oxide niedriger Oxidationszahl. Eisen(II)-Verbindungen sind stärker heteropolar als Eisen(III)-Verbindungen, und $Fe(OH)_2$ besitzt basischeren Charakter als $Fe(OH)_3$. Von den Hydroxiden ist $Fe(OH)_3$ weniger wasserlöslich; dies begünstigt sowohl die Hydrolyse als auch die Oxidation von Eisen(II)-Verbindungen. Dreiwertiges Eisen ist amphoter, obgleich Ferrite wenig beständig sind. In einfachen Verbindungen ist die dreiwertige Oxidationsstufe beständiger als die zweiwertige, während Komplexe mit

Fe^{2+} stabiler sind als solche mit Fe^{3+}. Weitere Oxidationsstufen können über Carbonylkomplexe gefaßt werden. Die maximale Wertigkeit von Eisen beträgt 6; Vertreter dieser Klasse sind die stark oxidierend wirkenden Ferrate, Derivate des unbekannten Eisen(VI)-oxids.

Kobalt ist aufgrund seiner Eigenschaften zwischen Eisen und Nickel einzuordnen und steht dem Eisen etwas näher. In seinen Verbindungen liegt es gewöhnlich zwei- oder dreiwertig vor. Im Gegensatz zu Eisen ist in einfachen Verbindungen die Oxidationsstufe + 2, in Komplexverbindungen die Oxidationsstufe + 3 am beständigsten. In einigen Fällen kann auch die Oxidationszahl + 4 erreicht werden, die sich durch Komplexbildung stabilisieren läßt.

Nickel ist im Gegensatz zu Eisen und Kobalt ziemlich säureresistent. Seine Oxidationsbeständigkeit beruht wahrscheinlich auf Oberflächenpassivierung durch Ausbildung einer dünnen undurchlässigen Oxidschicht. Es sind einfache und komplexe Verbindungen des einwertigen Nickels bekannt, insbesondere Cyanide. Darin unterscheidet sich das Element deutlich von Eisen und Kobalt. Die beständigste Oxidationsstufe, + 2, ist in zahlreichen Salzen vertreten. Nickel(II)-Komplexe sind, wie die entsprechenden Kobaltverbindungen, wenig stabil. Komplexe Nickelderivate enthalten meist dreiwertiges, mitunter auch vierwertiges Nickel.

Eisen, Kobalt und Nickel sind für die Technik von überragender Bedeutung. Eisen steht in der Häufigkeitstabelle der Elemente an vierter Stelle und kommt in der Natur ungefähr tausendmal häufiger vor als Kobalt oder Nickel. Von letzteren Elementen sind trotzdem ergiebige Mineralien bekannt. Eisen sowie korrosionsanfällige Stähle können durch Nickelüberzüge, die elektrochemisch abgeschieden werden, gegen Oxidation geschützt werden (Vernickeln). Kobalt und Nickel finden im wesentlichen Verwendung als Legierungsbestandteile.

Die Reaktivität der Eisenmetalle (Eisen, Kobalt, Nickel) nimmt mit steigender Ordnungszahl ab. Vergleicht man dagegen die Platinmetalle, ebenfalls innerhalb horizontaler Triaden, dann findet man eine Umkehrung dieser Eigenschaft: Palladium und Platin, jeweils das letzte Element einer Triade, sind am reaktivsten. Aufgrund dieser und weiterer Gemeinsamkeiten faßt man die beiden Elemente in einer Kolonne zusammen. Die beiden übrigen Platinmetallpaare (Ruthenium mit Osmium und Rhodium mit Iridium) werden ebenfalls wegen gegenseitiger Ähnlichkeit analog angeordnet. Die sechs Platinmetalle zeigen außer Säureresistenz und Übergangsmetalleigenschaften nur selten ausgeprägte Verwandtschaft.

Ruthenium erreicht in Form seines Tetroxids (Ruthenium(VIII)-oxid, RuO_4), einer instabilen, stark oxidierenden Substanz, seine höchste Oxidationszahl, $+ 8$. Das Metall ist äußerst beständig gegenüber Säuren; es kann jedoch ohne größere Schwierigkeiten oxidiert werden. Ruthenium kommt hauptsächlich dreiwertig vor; Verbindungen mit höherer Wertigkeit sind relativ selten. Ruthenate (Oxidationszahl $+ 6$) und Perruthenate (Oxidationszahl $+ 7$) sind die Analoga zu den Ferraten und Permanganaten.

Osmium ist in der vierwertigen Form am beständigsten. Im Vergleich zu Ruthenium bevorzugt es also höhere Oxidationsstufen. Fünf- und siebenwertige Verbindungen sind unbekannt, während einige Derivate der Oxidationszahl $+ 6$ bzw. $+ 8$ dargestellt werden konnten. Osmium (VIII)-oxid (Osmiumtetroxid, OsO_4) ist beständiger als Ruthenium(VIII)-oxid. Das früher in der Literatur beschriebene Oktafluorid scheint nicht zu existieren. Sowohl Ruthenium als auch Osmium neigen bevorzugt zur Komplexbildung. Sie unterscheiden sich von den übrigen Platinmetallen dadurch, daß sie in ihrer Gruppenwertigkeit (Oxidationszahl $+ 8$) auftreten können.

Die Ähnlichkeit zwischen Rhodium und Iridium ist nicht so deutlich wie jene zwischen Ruthenium und Osmium. Rhodium und Iridium bevorzugen die dreiwertige Stufe. Rhodium zeigt wie Kobalt starke Tendenz zur Komplexbildung. Das Metall verhält sich gegenüber Säuren und anderen Reagenzien äußerst resistent. Im speziellen Bedarfsfall können deshalb korrosionsanfällige Metalle mit einer dünnen Rhodiumschicht, die entweder galvanisch oder durch Aufdampfen aufgetragen wird, geschützt werden. Iridium verhält sich ebenfalls sehr inert. Außer Verbindungen mit der Oxidationszahl drei existieren auch Derivate, insbesondere Komplexe, die vierwertiges Metall enthalten. Ferner sind auch einige Verbindungen der Oxidationsstufe $+ 6$ bekannt, z. B. ein wenig stabiles Trioxid und das leicht flüchtige Hexafluorid. Im Gegensatz zu Rhodium bevorzugt Iridium höhere Oxidationsstufen, die allerdings den Wert + 6 nicht übersteigen. Komplexverbindungen bevorzugen wie bei Kobalt die Dreiwertigkeit.

Palladium wird, abweichend vom Verhalten der übrigen Platinmetalle, relativ leicht von Säuren, Halogenen und Sauerstoff angegriffen. Die zweiwertige Stufe ist, wie bei Nickel, am beständigsten. Außerdem sind auch Pd(IV)-Verbindungen, hauptsächlich als Komplexe, bekannt. Derivate der Oxidationszahl + 3 sind meist instabil. Auch Palladium(II)-Verbindungen bilden keine einfachen Ionen, sondern assoziieren sich zu Koordinationsverbindungen.

Platin verhält sich gegenüber Säuren recht ähnlich wie Palladium. Seine Reaktionsfähigkeit ist im Vergleich zu Osmium oder Iridium stark erhöht. Bei Platin überwiegt die stabile Oxidationszahl + 4. Daneben sind auch Derivate des zwei-, drei- und sechswertigen Platins bekannt. Die zahlreichen Komplexverbindungen enthalten vorwiegend zwei- und vierwertiges Platin. Das Element zeigt also eine deutliche Verwandtschaft zu Palladium, wobei Unterschiede derselben Art bestehen, wie sie auch bei anderen Übergangsmetallen beobachtet werden.

Vergleicht man zum Schluß noch einmal alle neun Elemente der Gruppe VIII miteinander, dann lassen sich die wichtigsten Gesetzmäßigkeiten wie folgt zusammenfassen.

Beim Übergang innerhalb jeder Kolonne zu größeren Atomgewichten hin steigt die Komplexbildungstendenz an; dementsprechend nimmt die Anzahl einfacher ionischer Verbindungen ab. Die Elemente bevorzugen in derselben Richtung höhere Oxidationsstufen. Gleiche Erkenntnisse gelten auch für andere Nebengruppen. Demnach kann zwischen den Gruppen VIIB und VIII keine scharfe Grenze gezogen werden.

Im Periodensystem schließt sich direkt an die Gruppe VIII die Gruppe IB (Kupfergruppe) an. Sie enthält Elemente, bei denen die d-Niveaus der zweitäußersten Elektronenschale voll besetzt sind, und man kann diese Gruppe als letzte Übergangselementgruppe betrachten. Die Metalle Kupfer, Silber und Gold besitzen ähnlich inerte Eigenschaften wie die Metalle der Gruppe VIII.

4.7. Gruppe IB: Die Kupfergruppe

Kupfer	2.8.(8,10)1
Silber	2.8.18.(8,10)1
Gold	2.8.18.32.(8,10)1

Bei diesen Elementen wird das d-Orbital der zweitäußersten Schale durch Aufnahme eines s-Elektrons aus der äußersten Schale abgesättigt. Der Vorgang ist mit einem Energiegewinn verbunden.

Die drei Metalle Kupfer, Silber und Gold zeigen deutlich Abstufungen in ihren Eigenschaften, obgleich sich Silber teilweise anomal verhält. Sie haben hohe Schmelzpunkte (um 1000 °C), sind weich, duktil und walzbar. Aus Blattgold können lichtdurchlässige Folien hergestellt werden. Die Dichten der Elemente sind verhältnismäßig groß ($Cu = 8{,}93$ g $\cdot$ cm^{-3}; $Ag = 10{,}50$ g $\cdot$ cm^{-3}; $Au = 19{,}32$ g $\cdot$ cm^{-3}) und die Atomradien klein. Gold hat annähernd den gleichen Atomradius wie Silber, und das Kupferatom ist nur geringfügig kleiner. Die Metalle sind gute Wärme- und Elektrizitätsleiter.

Kupfer, Silber und Gold sind wegen ihres gediegenen Vorkommens in der Natur, ihrer Korrosionsbeständigkeit sowie ihres „magischen" Glanzes seit den Ursprüngen menschlicher Kultur bekannt und begehrt und wurden deshalb meist als Zahlungsmittel verwendet.

Die reinen Metalle werden nur von oxidierenden Säuren angegriffen. Silber und Kupfer lösen sich in heißer konzentrierter Schwefelsäure oder in Salpetersäure, während für Gold Königswasser erforderlich ist. Die Oberflächen von Kupfer und Silber werden durch Kontakt mit schwefelhaltigen Substanzen „blind". Im Laufe der Zeit überzieht sich Kupfer an Luft mit einer dünnen Oxidschicht, ein Vorgang, der durch Erwärmen beschleunigt werden kann.

Oxide und andere Verbindungen der Elemente lassen sich sehr leicht reduzieren, und die Metalle können aus ihren Salzlösungen mit Hilfe eines unedleren Metalls abgeschieden werden. Silber und Gold in feinzerteilter Form lassen sich durch Erhitzen ihrer Verbindungen gewinnen.

Alle drei Metalle kommen einwertig vor. Bei Kupfer ist die zweiwertige Form die beständigere, während einwertige Derivate entweder unlöslich sind oder hauptsächlich als Komplexe vorliegen. Einwertige Silberverbindungen sind sehr beständig, und die Oxidationsstufe + 2 kann nur mit extrem starken Oxidationsmitteln erreicht werden. Gold bevorzugt die Oxidationsstufe + 3. Verbindungen des einwertigen Golds zeigen große Ähnlichkeit mit Kupfer(I)-Verbindungen. Die Derivate der einwertigen Metalle sind farblos, die der höheren Wertigkeitsstufen dagegen farbig. Kupfer(I)- und Silber(I)halogenide lösen sich nicht in Wasser, dagegen in Ammoniak. Gold(I)-halogenide sind instabil.

In Einklang mit den für Übergangselemente typischen Eigenschaften liegen verschiedene Wertigkeiten, farbige Verbindungen und katalytische Aktivität vor. Der Aufbau der Elektronenschalen ist für alle drei Metalle charakteristisch: die zweitäußerste Schale ist mit 18 Elektronen besetzt, und in der Valenzschale befindet sich ein Elektron. Dieses ist nicht in der Lage, die Struktur voll zu stabilisieren, da die äußerste Schale wenigstens zwei Elektronen erfordert. Das wäre aber mit einer Erhöhung der Kernladung um eine Einheit verbunden.

Die Energiedifferenz zwischen der Position des achtzehnten Elektrons in der zweitäußersten Schale und dem nächstliegenden Orbital der äußersten Schale ist sehr gering. Aus diesem Grund können sich Elektronen des d-Niveaus der zweitäußersten Bahn an chemischen Bindungen mitbeteiligen, und die Elemente nehmen somit Eigenschaften von Übergangselementen an. Mit welcher Nebengruppe des Periodensystems die Serie der Übergangselemente abschließt, ist demnach reine Definitionssache. Die Kupfergruppe kann nur insoweit zu den Übergangsgruppen gezählt werden, als deren Elemente höhere Wertigkeitsstufen als + 1 annehmen. Beträgt die Oxidationszahl + 1, dann ist das d-Niveau der äußersten Schale abgesättigt und somit der Übergangsmetall-Charakter der Elemente aufgehoben.

Bei den Metallen der Gruppe IB befindet sich demnach in der äußersten Schale ein energetisch leicht zugängliches Elektron, welches die sehr gute elektrische Leitfähigkeit der Elemente bewirkt. Die Elektronenkonfiguration ist auch für die chemischen Eigenschaften von größter Bedeutung. Ein Element besitzt nur dann hohes Reaktionsvermögen, wenn die Reaktion zu einer energetisch günstigeren Elektronenanordnung führt. Die möglichen Ionenzustände bei Kupfer, Silber und Gold sind nicht ausgeprägt stabil. Sowohl die wenig beständige Konfiguration von 18 Elektronen in der Außenschale als auch die geringen Atomvolumina begünstigen niedrige Ladungszahlen der Ionen. Die Ionen wirken hier deshalb als Elektronenakzeptoren, und die Reaktion $M^+ \rightarrow M$ wird bevorzugt.

Kupfer besitzt ein etwa doppelt so großes Ionisationspotential wie Cäsium; die einwertig positiven Ionen von Kupfer, Silber oder Gold sollten relativ gutes Hydratationsvermögen aufweisen. Trotzdem ist das Ag^+-Ion, wie sich aufgrund der guten Ionenbeweglichkeit ergibt, kaum hydratisiert. Über die Hydratation von Cu^+ und Au^+ lassen sich wegen experimenteller Schwierigkeiten keine Aussagen machen, und die bekannten Daten für das stark hydratisierte Cu^{2+}-Ion sind nicht vergleichbar. Die Ionisationspotentiale innerhalb der Kupfergruppe nehmen, im Gegensatz zu den Alkalimetallen, mit steigendem Atomgewicht zu.

Die Elemente bilden leicht Komplexverbindungen mit kovalenten Bindungen. In diesen Derivaten beträgt die Gesamtzahl der an Bindungen beteiligten Elektronen meist 8. Ammoniakkomplexe von Kupfer und Silber sind besonders für analytische Zwecke geeignet. Cyanid- und Thiosulfatkomplexe von Kupfer, Silber und Gold sind ebenfalls von gewisser Bedeutung. Im Gegensatz zu einigen heteropolaren einfachen Kupfer und Silbersalzen scheinen die Goldverbindungen durchweg kovalent und meist komplex aufgebaut zu sein.

Die Elektropositivität nimmt, im Gegensatz zu den Alkalimetallen, bei den Elementen der Kupfergruppe mit steigendem Atomgewicht ab. Dies ist im wesentlichen auf die ungewöhnlich kleinen Atomradien von Silber und insbesondere von Gold zurückzuführen. Das kleine Atomvolumen von Gold ist eine Auswirkung der Lanthanidenkontraktion. Bei den Metallen der Nebengruppen VB bis VIII liegt ebenfalls eine teilweise schwache Abnahme der Elektropositivität mit steigendem Atomgewicht innerhalb jeder Gruppe vor. Demnach besitzen die Elemente der Kupfergruppe auch in dieser Hinsicht Übergangsmetalleigenschaften.

4.8. Gruppe IIB: Die Zinkgruppe

Zink	2.8.(8,10)2
Cadmium	2.8.18.(8,10)2
Quecksilber	2.8.18.32.(8,10)2

Mit dieser Gruppe endet die d-Serie, und die d-Niveaus sind bei jedem Element vollbesetzt. Die positive Ladung der Atomkerne hat sich im Vergleich zu den entsprechenden vorangehenden Elementen der Kupfergruppe jeweils um eine Einheit erhöht. Somit sind die d-Elektronen stärker fixiert und können nicht mehr durch Oxidation aus ihrem Orbital entfernt werden. Die für Übergangselemente typischen Eigenschaften, welche auf das nichtbesetzte d-Niveau der zweitäußersten Schale zurückzuführen sind, fehlen hier.

Die gesetzmäßigen Übergänge der Elementeigenschaften sind innerhalb dieser Gruppe nicht so kontinuierlich, wie man es von anderen Gruppen her kennt. Dies ist hauptsächlich auf das stark abweichende Verhalten von Quecksilber und seinen Verbindungen zurückzuführen. Das Element hebt sich deutlich von Zink und Cadmium ab und hat lediglich Ähnlichkeit mit dem durch Schrägbeziehung in Verbindung stehenden Silber. Zink und Cadmium sind in gewisser Hinsicht mit Magnesium, Calcium und Beryllium zu vergleichen.

Die Elektropositivität nimmt mit steigendem Atomgewicht der Elemente ab, wobei zwischen Zink und Cadmium keine ausgeprägte Differenz vorliegt. Diese beiden Metalle oxidieren sich schon bei Zimmertemperatur oberflächlich an der Luft; dabei entsteht eine dünne Oxidhaut, welche die Elemente vor weiteren Angriffen schützt. Man verwendet die Metalle technisch vor allem zur Herstellung rostschützender Überzüge auf Eisen. Bei höheren Temperaturen lassen sich Zink und Cadmium leicht in die Oxide überführen. Zink löst sich rasch in verdünnten Säuren; verwendet man dazu reines Metall, dann verläuft die Reaktion gemäßigter. Cadmium löst sich langsamer in Säuren, Quecksilber wird nur von oxidierenden Säuren angegriffen. Aus Quecksilberverbindungen läßt sich das freie Metall, ähnlich wie Silber und Gold, leicht durch Reduktionsmittel freisetzen. In manchen Fällen (HgO) vollzieht sich die Reaktion sogar ohne Reduktionsmittel, einfach durch thermische Spaltung.

Zinkoxid und -hydroxid sind im Gegensatz zu Magnesium amphoter. Zink wird sogar als freies Metall von Alkalilaugen angegriffen und gelöst. Cadmiumoxid hat rein basische Eigenschaften und ist in Alkalilaugen unlöslich. Alkalimetall-Ionen werden von frisch gefälltem Cadmiumhydroxid stark adsorbiert. Quecksilberoxid besitzt ebenfalls nur basische Eigenschaften. Oxide und Sulfide aller drei Metalle sind vorwiegend kovalent und haben verwandte Kristallstrukturen.

Zink und Cadmium treten in ihren Verbindungen ausschließlich zweiwertig auf, während Quecksilber außerdem die Oxidationsstufe + 1 annehmen kann. Quecksilber(I)-Verbindungen sind durchweg dimolekular. Quecksilber(I)-chlorid disproportioniert beim Verdampfen zu Quecksilber und Quecksilber(II)-chlorid. Die Salze aller drei Elemente der Zinkgruppe sind keine reinen Elektrolyte, wenn auch Zink- und Cadmiumsalze noch in erheblichem Ausmaß elektrolytisch dissoziieren. Zink- und Cadmiumfluorid sind nicht verdampfbar. Zinkchlorid, -bromid und -jodid schmelzen unterhalb 500 °C. Sie lösen sich gut in Wasser und merklich in einigen organischen Lösungsmitteln. Die wäßrigen Lösungen leiten den elektrischen Strom; dies ist zumindest teilweise auf partielle Hydrolyse der Verbindungen zurückzuführen. Cadmiumbromid und -jodid schmelzen oberhalb 500 °C und sind in organischen Lösungsmitteln unlöslich. In diesem Zusammenhang sei auf eine Faustregel, die keinerlei Anspruch auf große Exaktheit erhebt, hingewiesen. Sie besagt, daß Verbindungen, deren Schmelzpunkte oberhalb 500 °C liegen, vorwiegend heteropolaren Charakter besitzen, während tiefer liegende Schmelzpunkte mehr kovalenten Bindungskräften zuzuschreiben sind. Elektrische Leitfähigkeitsmessungen führen zu dem Ergebnis, daß die elektrolytische Dissoziation im wesentlichen nach der Reaktionsgleichung

$$CdCl_2 \rightleftarrows CdCl^+ + Cl^-$$

verläuft; die zweite Dissoziationsstufe ist kaum ausgeprägt. Außerdem ist auch eine gewisse Neigung zur Komplexbildung vorhanden. Quecksilberderivate dissoziieren kaum, ausgenommen Quecksilber(II)-

fluorid sowie Salze starker Sauerstoffsäuren wie Salpetersäure oder Perchlorsäure.

Zinksalze erreichen ziemlich hohe Hydratstufen und sind außerdem hygroskopisch, während Cadmiumsalze weniger Hydratwasser enthalten und auch schwächer hygroskopisch sind. Quecksilbersalze enthalten dagegen meist kein Hydratwasser und sind mit entsprechenden Silberverbindungen vergleichbar. Quecksilbersalze mit sauerstoffhaltigem Anion bilden Ausnahmen; sie kristallisieren häufig mit einem oder zwei Molekülen Wasser.

Aus alledem ist zu entnehmen, daß die Elemente der Zinkgruppe zur Bildung kovalenter und komplexer Verbindungen neigen. Von Cadmium und Zink kennt man viele Derivate, die direkte Metall-Kohlenstoff-, Metall-Stickstoff- und Metall-Schwefelbindungen enthalten; Zink-Sauerstoff-Bindungen sind stabiler als Cadmium-Sauerstoff-Bindungen. Die Beständigkeit organischer Quecksilberderivate ist verhältnismäßig gering. Auch Quecksilberoxid läßt sich leicht zersetzen. Dagegen sind eine Anzahl stabiler stickstoff-, schwefel- und halogenhaltiger Quecksilberkomplexe bekannt.

Quecksilber unterscheidet sich von den beiden anderen Metallen in wichtigen Punkten, von denen einige bereits erwähnt wurden. So ist der Dampfdruck des Elements viel niedriger als der von Zink oder Cadmium; er läßt sich schon bei Zimmertemperatur deutlich registrieren. Das Metall siedet bei 357 °C und geht dabei in die atomare Dampfform über. Nur wenige Metalle sieden unterhalb 1000 °C. Die Siedepunkte von Cadmium und Zink liegen bei 764 °C bzw. 906 °C. Die geringe Reaktivität von metallischem Quecksilber wird durch die hohen Werte des Ionisations- und Elektrodenpotentials deutlich zum Ausdruck gebracht. Das Metall läßt sich aus seinen Verbindungen sehr leicht reduktiv abscheiden. Quecksilber(II)-fluorid ist wenig wasserlöslich und wird hydrolysiert; seine Bindungen sind überwiegend heteropolar. Auch das Chlorid des zweiwertigen Quecksilbers ist — im Gegensatz zum fast unlöslichen Bromid und Jodid — recht gut wasserlöslich. Das Löslichkeitsverhalten der Hg(II)-halogenide ist demnach eher mit den Silberhalogeniden als mit den Zink- oder Cadmiumhalogeniden vergleichbar. Die charakteristischen Koordinationszahlen in Quecksilberkomplexen sind 2 und 4 mit linearer bzw. tetraedrischer Anordnung der Liganden. Das einwertige Ion, in einfacher Schreibweise Hg_2^{2+}, besteht aus zwei chemisch gebundenen Quecksilber(I)-Ionen: $^+Hg\text{-}Hg^+$. Die Stabilität von Hg_2^{2+} ist auf die große Elektronenaffinität des Hg^+ zurückzuführen, welche durch die relativ schwache Abschirmung der 6s-Elektronen durch die 4f-Schale zustande kommt. Der außergewöhnlich edle Charakter und die niedrige Verdampfungsenergie des Metalls lassen sich durch die Existenz eines inerten Elektronenpaares erklären (vgl. Zinn und Blei S. 43). Wegen der leichten Überführbarkeit in den atomaren Zustand bei relativ niederen Temperaturen ist eine gewisse Ähnlichkeit mit den Edelgasen vorhanden.

Die schwereren Elemente jeder p-Gruppe enthalten in mehr oder weniger ausgeprägter Form inerte Elektronenpaare. Da Quecksilber diese Eigenschaft besitzt, zeigt das Element mehr horizontale als vertikale Verwandtschaft zu Nachbarelementen.

5. Die f-Elemente

5.1. Die Lanthaniden- und Actinidengruppe

	(57)	Lanthan	2.8.18.(2,6,10,)(2,6,1,)2
	(58)	Cer	2.8.18.(2,6,10,1)(2,6,1,)2
bis	(71)	Lutetium	2.8.18.(2,6,10,14)(2,6,1,)2
	(89)	Actinium	2.8.18.32.(2,6,10,)(2,6,1)2
	(90)	Thorium[20]	2.8.18.32.(2,6,10,)(2,6,2)2
bis	(103)	Lawrencium	2.8.18.32.(2,6,10,14)(2,6,1)2

Die Lanthaniden und die Actiniden sind f-Elemente. Bei ersteren wird das 4f-Niveau, bei letzteren das 5f-Niveau in der Reihenfolge der Ordnungszahlen (mit gewissen Unregelmäßigkeiten) mit Elektronen besetzt. Lanthan und Actinium, nach denen die beiden Serien benannt sind, enthalten selbst keine f-Elektronen; sie gehören der d-Serie an. Die beiden Elemente besitzen aber, wie die obigen Zahlenangaben zeigen, in ihren beiden äußeren Schalen dieselben Elektronenkonfigurationen wie die Lanthaniden bzw. die Actiniden. Da sich die Elektronenanordnung in diesen beiden Schalen weder bei den Lanthaniden noch bei den Actiniden verändert, bezeichnete man diese Elemente oft auch als *Innere Übergangselemente*. Bei den Inneren Übergangselementen wird also die drittäußere, bei den Übergangselementen dagegen die zweitäußere Schale aufgefüllt.

Die Konstanz innerhalb der beiden äußeren Niveaus führt dazu, daß sich die Elemente der Lanthanidengruppe chemisch außerordentlich gleichen; dasselbe gilt auch für die Actinidengruppe.

---

[20] Anmerkung des Übersetzers: Thorium verhält sich insofern anomal, als die Auffüllung des 5f-Niveaus erst mit dem Element Protactinium beginnt (vgl. Elektronenkonfigurationstabelle am Ende des Buches).

Die häufigste Wertigkeitsstufe bei den Lanthaniden ist drei. Dies ist auf die Beteiligung der beiden s-Elektronen des äußersten sowie des d-Elektrons des zweitäußersten Niveaus zurückzuführen. Cer ist außerdem auch in vierwertigem Zustand beständig. Die Lanthaniden sind katalytisch wirksam. Ferner sind die meisten Ionen farbig. Einige wenige Metalle der Gruppe können außer in ihrer stabilen dreiwertigen Form auch zwei- oder vierwertig auftreten. Die Metalle sind stark elektropositiv, ihre Oxide reagieren stark basisch. Die Neigung zur Komplexbildung ist im allgemeinen nur gering.

Wegen der charakteristischen Elektronenkonfiguration sind die meisten für Übergangselemente typischen Eigenschaften vorhanden (vgl. Kapitel „Übergangselemente" S. 99). Die Atom- und Ionenradien der Lanthaniden verkleinern sich mit steigender Ordnungszahl; man bezeichnet diesen Effekt als *Lanthanidenkontraktion*. Die vierte Elektronenschale erfordert für 32 Elektronen nicht mehr Platz als für 18. Deshalb werden die Elektronen der fünften und sechsten Bahn bei Lutetium durch die im Atomkern um 14 Protonen erhöhte positive Ladung (entsprechend einem Zuwachs von etwa 25 Prozent) stärker angezogen, d. h. die Atomradien verkürzen sich beim Gang von Cer nach Lutetium.

Die Verkleinerung der Ionenradien ist mit einer Abnahme der Elektropositivität verbunden; das zeigt sich in der Abnahme der Basizität und einer Erhöhung der Komplexstabilität. Diese Eigenschaften werden zur Trennung der Elemente mit Ionenaustauschern genutzt: man gibt die Ionengemische auf Austauschersäulen und eluiert sie mit Komplexbildnern. Dabei lassen sich die Lanthaniden in umgekehrter Reihenfolge ihrer Ordnungszahlen fraktionieren.

Die Lanthanidenkontraktion wirkt sich auch auf die im Periodensystem den Lanthaniden folgenden Elemente aus, deren Atom- und Ionenradien deshalb kleiner sind als zunächst zu erwarten wäre. Diese Elemente sind somit weniger elektropositiv und verhalten sich demnach edler als es die sonst gültigen Gesetzmäßigkeiten innerhalb der betreffenden Gruppe vorhersehen lassen (vgl. Abb. 5).

Aus der Actinidenreihe kommen in der Natur nur Actinium, Thorium, Protactinium, Uran und spurenweise auch Neptunium und Plutonium

III	IV	V	VI	VII	VIII A	B	C	IB
Sc	Ti	V	Cr	Mn	Fe	Co	Ni	Cu
Y	Zr	Nb	Mo	Tc	Ru	Rh	Pd	Ag
La-Lu	Hf	Ta	W	Re	Os	Ir	Pt	Au
Ac-Lw								

Abb. 5. In den Nebengruppen IV bis VIII ist der Unterschied zwischen den Elementen der ersten und zweiten Langperiode größer als der zwischen den Elementen der zweiten und der dritten Langperiode; die Differenz zwischen letzteren nimmt allerdings mit zunehmender Ordnungszahl zu (gestrichelter Bereich). Die Auswirkung der Lanthanidenkontraktion ist noch in Gruppe VIIIC zu registrieren, bricht dann ab und läßt sich in Gruppe IB nicht mehr feststellen.

vor. Die Anordnung dieser Elemente im Periodensystem war bis zur Darstellung der Transurane recht zweifelhaft. Die Entdeckung der Transurane durch *Seaborg* und Mitarbeiter (1940 und später) war für die Chemie von großer theoretischer und praktischer Bedeutung und führte zu einer Renaissance der anorganischen Chemie.

Mit der künstlichen Elementdarstellung war das jahrhundertealte alchimistische Rätsel der Elementumwandlung gelöst. Die künstlichen Elemente werden durch Beschuß von Atomen mit Neutronen oder positiven, beschleunigten Teilchen gewonnen. Läßt man Neutronen auf ^{238}U einwirken, dann entsteht durch Neutronenabsorption intermediär ^{239}U, welches unter β-Zerfall in das Element Neptunium (Ordnungszahl 93) übergeht (S. 109). Auch Neptunium ist ein β-Strahler und wandelt sich in Plutonium (Ordnungszahl 94) um. Das Verfahren kann heute in großem Maßstab durchgeführt werden, indem man Atomreaktoren als ergiebige Neutronenquellen einsetzt. Plutonium hat strategische Bedeutung und wird kommerziell als Atombrennstoff verwendet; es läßt sich durch langsame Neutronen spalten, wobei ungeheure Energien und ein Überschuß an Neutronen freigesetzt werden.

Durch Neutronenbeschuß lassen sich nur wenige, dicht auf Uran folgende Elemente darstellen. Zur Synthese der schweren Transurane müssen hochbeschleunigte Ladungsträger wie z. B. α-Teilchen oder

Kohlenstoffkerne eingesetzt werden. Je höher das Atomgewicht, desto schwieriger lassen sich solche Kernreaktionen wegen der um den Kern herum bestehenden Potentialbarriere durchführen. Die Ausbeuten bei Synthesen künstlicher Elemente nehmen also mit zunehmenden Atomgewichten ab. Im Fall des 1957 erstmals dargestellten Elementes Nobelium (Ordnungszahl 102) wurden insgesamt nur 17 Atome gefaßt; diese minimale Konzentration reichte aus, um die Halbwertszeit (ca. 10 Minuten) des Elements zu bestimmen.

Unter den Transuranen befinden sich Elemente, die zur künstlich-radioaktiven (4n + 1)-Zerfallsreihe, die früher unbekannt war, gehören. Die Reihe enthält als Zwischenprodukte Isotope von Francium und Astatium (Ordnungszahlen 87 und 85), die in anderen Zerfallsreihen nicht auftreten. Im Gegensatz zu den natürlichen Zerfallsreihen entsteht hier als Endprodukt kein Bleiisotop, sondern das stabile Wismutisotop $^{209}_{83}$Bi.

Zur Gewinnung und Untersuchung der Transurane, die oft nur in minimalster Menge anfallen, mußten ganz neue spezielle Arbeitsverfahren geschaffen werden. Die Erkennung der einzelnen Elemente wird, trotz großer Schwierigkeiten, durch ihre charakteristische Radioaktivität erleichtert. Fast alle zur Erforschung der Actiniden entwickelten experimentellen Methoden lassen sich auch auf andere, außerhalb der Actinidenreihe liegende Isotope übertragen. So konnte z. B. die Chemie des Poloniums, die nur fragmentarisch bekannt war, überprüft und verbessert werden. Früher isolierte man dieses Element mühsam aus Uranpechblende, während es heute in guter Ausbeute durch Neutronen-Beschuß von Wismut gewonnen wird.

Durch die Bearbeitung der Transurane konnte die Einordnung der Elemente der vierten großen Periode endgültig festgelegt werden. Diese Periode ist nicht vollständig, und man hat sich, nachdem die Aufbauprinzipien der Lanthaniden aufgeklärt waren, die Frage gestellt, ob und an welcher Stelle des Periodensystems es eine zweite Reihe von Inneren Übergangselementen gäbe. Heute weiß man, daß die Actinidenserie weitgehend analog der Lanthanidenreihe aufgebaut ist und mit Actinium (Ordnungszahl 89) beginnt. Allerdings hat Thorium (Ordnungszahl 90) noch kein f-Elektron eingebaut, aber jedem weiteren Actinidenelement entspricht ein ihm ähnliches Element der Lanthanidenreihe. Die Ähnlichkeit kann am besten bei der Trennung der Elemente mit Hilfe einer Austauschersäule erkannt werden: Beim Eluieren eines Actinidengemischs erfolgt die Auftrennung in umgekehrter Reihenfolge der Ordnungszahlen, d. h. das schwerste Element befindet sich in der ersten Fraktion, das leichteste in der letzten. Ein unbekanntes Element könnte also nur spezifisch in einer bestimmten Fraktion vorkommen. Dies gilt für die Lanthaniden gleichermaßen wie für die Actiniden.

Die Anfangselemente der Actinidenserie lassen sich, im Gegensatz zu den Lanthaniden, leichter oxidieren. Außerdem erhält man dabei höhere Wertigkeitsstufen als bei den entsprechenden Lanthaniden. Bei Thorium, das dem Cer analoge Element, ist die Oxidationsstufe $+3$ unbekannt. Ferner sind Verbindungen des sechswertigen Urans beständig, die entsprechenden Neodymderivate dagegen nicht. Die leichte Oxidierbarkeit setzt sich auch über Neptunium und Plutonium hinaus fort — erst Curium ist in der Lage, stabile dreiwertige Verbindungen zu bilden; sie ist auf die dichtere Lage der Energieniveaus zurückzuführen, d. h. die Energiedifferenz der am Oxidationsvorgang beteiligten Orbitale ist in diesem Fall gering, ein Effekt, der allgemein bei Elementen höherer Perioden zutrifft. So wurde bei der detaillierten Beschreibung der Übergangselemente (siehe frühere Kapitel) bereits ausführlich darauf hingewiesen, daß die schweren Elemente jeder Gruppe die höherwertigen Oxidationsstufen bevorzugen. Solche Verbindungen lassen sich dementsprechend schwieriger reduzieren.

Größere Mengen von Transuranen fallen bei der großtechnischen Plutoniumproduktion als Nebenprodukte an. Sie finden wegen ihrer charakteristischen Strahlung vielseitig Verwendung (z. B. Americium zur Radiographie).

6. Elektropositivität und Elektronegativität

6.1. Die Elektropositivität

Metalle sind meist elektropositiv, d. h. sie geben nach dem Schema $M \rightarrow M^+$ leicht Elektronen ab. Diese Eigenschaft kann über die Elektrodenpotentiale messend verfolgt und erfaßt werden. Wegen der Hydratation der Ionen sind die Meßwerte für wäßrige Lösungen meist verfälscht. Von daher rührende Störungen lassen sich durch spektroskopische Messung der Ionisationspotentiale im Gaszustand ausschalten. Man kann die chemischen Elemente aufgrund ihrer Ionisationspotentiale gesetzmäßig anordnen und bezeichnet das daraus resultierende Schema als elektrochemische Spannungsreihe. Je geringer das Ionenpotential (gemessen in Elektronenvolt), desto kleiner ist die zur Elektronenabspaltung aufzuwendende Energie und desto größer die Elektropositivität des betreffenden Metalls. Es sei darauf hingewiesen, daß zahlreiche Metalle weniger elektropositiv als Wasserstoff sind und deswegen mit Säuren keinen Wasserstoff entwickeln.

Oftmals ersetzt man den Begriff der Elektropositivität durch den inversen Ausdruck, die Elektronegativität, die sich zahlenmäßig erfassen läßt. Es ist aber sinnvoller, im Zusammenhang mit Metallen — die meisten Elemente sind Metalle — von Elektroposivität zu sprechen. Wir wollen diese Eigenschaft und ihre Abstufung innerhalb der Gruppen nochmals im Zusammenhang erörtern.

Die mehr oder weniger vorherrschende Tendenz vieler Elemente, Elektronen abzugeben, wird durch die Regeln nach *Fajans* beschrieben und erfaßt (S. 25). Bei großen Atomen erfolgt eine Elektronenabspaltung am leichtesten. So können Alkalimetall-Atome mühelos in ihre einwertigen Kationen überführt werden. In großen Atomen unterliegen die Valenzelektronen (Elektronen der äußersten Schale) schwächeren

Kernkräften als in kleinen. Erfolgt eine Abspaltung mehrerer Elektronen nacheinander, dann ist der Energiebedarf um so höher, je mehr Elektronen zuvor schon abgegeben worden sind. Dies läßt sich auf die Zunahme der positiven Ladung (Ladung des Kations) zurückführen. Die Elektropositivität nimmt also mit zunehmender Ladung des entstehenden Kations und mit abnehmendem Atomradius ab.

Stark elektropositive Elemente führen zu Verbindungen, welche in geschmolzenem Zustand oder in Wasser gelöst stark dissoziieren und nicht flüchtig sind. Die Oxide und Hydroxide besitzen stark basische Eigenschaften; ihre Dissoziation erfolgt nach dem Schema MOH → M^+ + OH^-. Die alternative Reaktion MOH → MO^- + H^+ gilt für elektronegative Elemente, d. h. für Säurebildner. Elektropositive Elemente reagieren im allgemeinen gut mit Säuren, im Extremfall sogar schon mit Wasser. Bei geringeren Elektropositivitäten müssen stärkere Oxidationsmittel eingesetzt werden, um das Element zur Reaktion zu bringen. Alle stark elektropositiven Metalle bilden Salze der Sauerstoffsäuren, z. B. Sulfate oder Carbonate. Dabei ist die Elektronenaffinität des Anionenbildners verhältnismäßig gering. Das extrem stark elektronegative Fluoratom ist besonders leicht in der Lage, dem elektropositiven Element Elektronen zu entziehen; das Metall geht dabei in ein Kation, das Fluoratom in ein Anion über.

Die Elektropositivität ist also ein Maß dafür, wie leicht ein Atom Elektronen abgibt, d. h. gemäß M → M^+ ionisiert wird. Umgekehrt kann die Frage gestellt werden, unter welchen Bedingungen ein schon ionisiertes Atom durch Elektronenaufnahme wieder in den ungeladenen, atomaren Zustand übergeht (M^+ → M). Die Neigung zur Elektronenaufnahme spiegelt sich auch in der sehr häufig vorkommenden Hydratation der Kationen wider. Dabei lagern sich aufgrund der Donorwirkung des Sauerstoffatoms mehrere Moleküle Wasser an das Kation an (H_2O → M^+). Die positive Ladung ist dann nicht mehr am Kation lokalisiert, sondern gleichmäßig über den Kationen-Hydratkomplex verteilt. Bei weniger elektropositiven Metallen ist demnach die Hydratation begünstigt, bei stärker elektropositiven dagegen erschwert. Vergleicht man bei verschiedenen Salzhydraten die durchschnittliche Anzahl der pro Formeleinheit eingebauten Wassermoleküle, und bildet man daraus eine Reihe, dann können aus der Reihenfolge direkte Rückschlüsse auf die Elektropositivität der entsprechenden Metalle gezogen werden. Die Hydratation eines Anions ist von sehr untergeordneter Bedeutung. Um grobe Abschätzungsfehler beim Vergleich verschiedener Salzhydrate zu vermeiden, sollten nur Salzhydrate mit gleichen Anionen verwendet werden.

Die Salze schwach elektropositiver Metalle hydrolysieren leichter als jene „starker" Metalle; bei der Hydrolyse bilden sich Oxid- oder Hydroxidsalze. Auch die Komplexbildung ist bei schwach elektropositiven Elementen stark begünstigt, die Ionisation dementsprechend erschwert.

Ordnet man die erwähnten chemischen Eigenschaften (Ionisationsgrad vergleichbarer Verbindungen; basischer oder amphoterer Charakter der Oxide oder Hydroxide; Reaktionsverhalten gegenüber Säuren; Anzahl der Salze von Sauerstoffsäuren; Umfang der Hydratbildung von Salzen; Hydrolysegrad von Salzen; Anzahl der möglichen Komplexverbindungen) reihenförmig an, dann lassen sich, je nach Umfang der zutreffenden Eigenschaften, gesetzmäßige, halbquantitative Aussagen über die Stärke der Elektropositivität eines Elements machen, und verwandte Elemente können dann gruppenweise zusammengefaßt werden. Es besteht jedoch kein Grund, daß ein und derselbe Rückschluß durch alle sieben aufgeführten Eigenschaften bestätigt sein muß. Auch die aufgrund chemischen Verhaltens abgeleiteten Gesetzmäßigkeiten brauchen nicht unbedingt mit physikalisch gewonnenen Ergebnissen in Einklang zu stehen, obgleich meist eine allgemeine Übereinstimmung vorliegt.

Innerhalb jeder einzelnen Gruppe des Periodensystems kann, je nach Gruppe, mit zunehmenden Atomgewichten ein Anstieg oder Abfall der Elektropositivitäten registriert werden. Die beobachteten Befunde sind in Abb. 6 schematisch dargestellt.

Aus der Abbildung ist zu entnehmen, daß die Elektropositivität in den äußeren Gruppen mit steigenden Atomgewichten zu-, in den inneren dagegen abnimmt. Es sei darauf hingewiesen, daß das Schema mit einer gewissen Unsicherheit behaftet ist, zumal die Übergangsstellen, die ohnehin nur aufgrund allgemeiner Überlegungen festgelegt sind, nicht durch scharfe Grenzen markiert werden können. Jene zentralen Gruppen, innerhalb deren die Elektropositivität mit zunehmendem Atomgewicht abnimmt, enthalten Elemente mit annähernd konstanten Atomradien; die schweren Elemente dieser Gruppen lassen sich, obgleich es sich um Metalle handelt, nicht in einfache Kationen überführen und verhalten sich gegenüber chemischen Einflüssen sehr resistent.

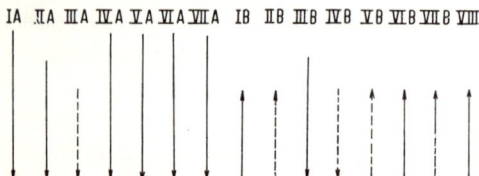

Abb. 6.   Die Elektropositivitäten nehmen in Pfeilrichtung zu. Durch die gestrichelt ausgeführten Pfeile sollen nichtvorhandene Gesetzmäßigkeit oder zumindest zweifelhafter Befund angedeutet werden.

6.2. Die Elektronegativität

Weiter oben (S. 95) wurde bereits angedeutet, daß sich die Elektronegativität zahlenmäßig erfassen läßt. Die Ansätze und weitere Untersuchungen dazu sind auf *L. Pauling* (1932 und später) zurückzuführen. Ursprünglich leitete er die Zahlenwerte aus Bindungsenergien ab. Die Daten sind nicht absolut, sondern relativ zu einem willkürlichen Bezugspunkt festgelegt. Sie können benutzt werden, um Aussagen über Bindungsenergien und Stabilitäten von Verbindungen zu erhalten. So entstehen z. B. die meisten, stark heteropolaren Substanzen durch Kombination von Elementen, deren Elektronegativitäten sich extrem unterscheiden. Bei geringen Differenzen dagegen liegen überwiegend kovalente Verbindungen vor.

Folgende Übersicht gibt einige Elemente und deren Elektronegativitäts-
werte in der Anordnung des Periodensystems wieder.

H 2,1						H 2,1
Li 1,0	Be 1,5	B 2,0	C 2,5	N 3,0	O 3,5	F 4.0
Na 0,9	Mg 1,2	Al 1,5	Si 1,8	P 2,1	S 2,5	Cl 3,0
K 0,8	Ca 1,0				Se 2,4	Br 2,8
Rb 0,8	Sr 1,0				Te 2,1	J 2,4
Cs 0,7	Ba 0,9					

Man sieht, daß die Elektronegativitäten innerhalb jeder Gruppe mit
steigenden Atomgewichten abnehmen; dementsprechend erhöhen sich
die Elektropositivitäten in derselben Reihenfolge. Die früher besprochene Schrägbeziehung zwischen einigen Elementen (S. 25) ist durch
gleiche oder sehr ähnliche Werte deutlich zu erkennen.

7. Die Übergangselemente

Die zweite und dritte Periode des Periodensystems bezeichnet man als Kurzperioden. Jede enthält acht Elemente, deren Eigenschaften sich in gleichmäßiger Abstufung ändern. Diese Abstufung ist auf den systematisch erfolgenden Aufbau der Valenzschale zurückzuführen. Die einzelnen Perioden beginnen jeweils mit einem extrem elektropositiven Element (Alkalimetall); bei den darauffolgenden Elementen nimmt die Elektropositivität stufenweise ab. Dementsprechend vergrößert sich die Elektronegativität und erreicht beim vorletzten Element jeder Periode (Halogene) ihren Maximalwert. Die Langperioden enthalten neben Elementen, die sich mit den Elementen der Kurzperioden gruppenweise (Hauptgruppen) zusammenfassen lassen, eine Reihe weiterer Metalle, die Übergangselemente, die miteinander gewisse gemeinsame Merkmale zeigen. Diese seien nochmals von den Elektronenkonfigurationen her erläutert.

Bei den Elementen der beiden Kurzperioden wird die äußerste Schale jeweils mit 8 Elektronen angefüllt. Der Einbau von Elektronen in die L-Schale beginnt demnach bei Lithium (ein Elektron) und endet bei Neon (acht Elektronen); damit ist die Valenzschale voll besetzt. Die Auffüllung der s- und p-Niveaus der M-Schale erfolgt genau nach demselben Prinzip. Die 3d-Orbitale bleiben zunächst noch leer. Nachdem also in die M-Schale 8 Elektronen eingebaut worden sind, beginnen Kalium und Calcium mit dem Aufbau der N-Schale (vgl. S. 23), während anschließend von Scandium an aufwärts bis einschließlich Zink die M-Schale durch Einbau von 10 Elektronen in die fünf 3d-Orbitale auf insgesamt 18 Elektronen vervollständigt wird[21]. Man zählt des-

---

[21] Anmerkung des Übersetzers: Man beachte die Anomalie bei Chrom und Kupfer (vgl. Elektronenkonfigurationstabelle am Ende des Buches).

halb die Elemente 21 bis 30 (Scandium bis Zink) zur d-Serie des Periodensystems. Ihnen entsprechen auch die Elemente 39 bis 48 (Yttrium bis Cadmium), bei denen die fünf 4d-Orbitale aufgefüllt werden[22].

		3d					4s
21 Scandium	(3s und 3p sind besetzt)	↑	○	○	○	○	↑↓
22 Titan		↑	↑	○	○	○	↑↓
23 Vanadin		↑	↑	↑	○	○	↑↓
24 Chrom		↑	↑	↑	↑	↑	↑
25 Mangan		↑	↑	↑	↑	↑	↑↓
26 Eisen		↑↓	↑	↑	↑	↑	↑↓
27 Kobalt		↑↓	↑↓	↑	↑	↑	↑↓
28 Nickel		↑↓	↑↓	↑↓	↑	↑	↑↓
29 Kupfer		↑↓	↑↓	↑↓	↑↓	↑↓	↑
30 Zink		↑↓	↑↓	↑↓	↑↓	↑↓	↑↓

Das typische Verhalten der meisten Übergangselemente läßt sich auf *nicht vollständig besetzte* innere Orbitale (d-Niveau) zurückführen. Es ist deshalb nicht überraschend, daß die Elemente der Zinkgruppe — die d-Niveaus sind vollständig besetzt — keine Eigenschaften der Übergangselemente mehr besitzen, obgleich sie formell noch zu den Übergangsmetallen zu zählen wären. Bezeichnet man die Übergangselemente einfach als *d-Elemente,* dann ist die Definition demnach nur bedingt richtig. Ein Parallelfall liegt bei den p-Elementen vor: Diese Serie wird jeweils mit einem Edelgas abgeschlossen, und die p-Orbitale sind damit voll besetzt. Das Verhalten der Edelgase weicht aber vollkommen von dem der übrigen p-Elemente ab.

Chrom und Kupfer haben besonders erwähnenswerte Elektronenkonfigurationen. Die Kontinuität in der Besetzung des 3d-Niveaus endet bei Vanadin. Das darauffolgende Element Chrom baut eines der beiden

---

[22] Anmerkung des Übersetzers: Auch hier liegen Abweichungen in der Reihenfolge bei den Elementen Niob, Molybdän, Ruthenium, Rhodium, Palladium und Silber vor (vgl. Elektronenkonfigurationstabelle am Ende des Buches).

4s-Elektronen zusätzlich in das 3d-Niveau ein, das somit 5 Elektronen enthält *(Halbbesetzung)*. Aus dieser Beobachtung leitete *Hund* das *Prinzip der größtmöglichen Multiplizität* ab. Diese Regel besagt, daß jedes Atom im Grundzustand die größtmögliche Anzahl ungepaarter Elektronen enthält; es entspricht dem niedrigsten Energiezustand des Atoms. Analoge Verhältnisse liegen auch bei Kupfer vor; hier wird im Grundzustand ein 4s-Elektron der Valenzschale ins 3d-Niveau eingebaut, jetzt allerdings, um das 3d-Niveau mit 10 Elektronen abzuschließen. Dieser Fall stellt keinen Widerspruch zur *Hundschen* Regel dar, denn jede mögliche Struktur enthält hier ein ungepaartes Elektron. Es wurde schon darauf hingewiesen, daß die charakteristischen Eigenschaften der Übergangselemente mit unvollständig besetzten inneren Orbitalen zusammenhängt. So ist bei Kupfer nur eine geringe Übergangsenergie erforderlich, um ein Elektron aus einem 3d-Orbital in das 4s-Orbital zu überführen. Im 3d-Niveau befinden sich dann insgesamt nur 9 Elektronen; diese Konfiguration entspricht dem Kupfer(II)-Ion, wobei die beiden 4s-Elektronen zur Valenz betätigt werden. Die Einordnung von Kupfer sowie den übrigen Elementen der Kupfergruppe in die Klasse der Übergangsmetalle ist also gerechtfertigt.

Die Existenz mehrerer Wertigkeitsstufen bei ein und demselben Element gehört zu den charakteristischen Eigenschaften der Übergangselemente. So kann Eisen zwei-, drei- und sechswertig auftreten, und die möglichen Oxidationsstufen von Mangan liegen zwischen $+ 2$ und $+ 7$. Dies hängt, wie schon angedeutet, mit der geringen Differenz der Energieniveaus zwischen äußerster und zweitäußerster Elektronenschale — im Fall der ersten Langperiode zwischen den 4p- und den 3d-Orbitalen — zusammen. Die bei Oxidationsvorgängen freiwerdende Energie reicht aus, um 3d-Elektronen in leere 4p-Orbitale anzuheben, d. h. außer den eigentlichen Valenzelektronen stehen jetzt noch zusätzlich Elektronen für chemische Bindungen zur Verfügung. Alle Elektronen der Außenschale(n) werden anschließend durch Hybridisierung egalisiert. Das Mangan-Atom hat die Konfiguration 2.8.(8,5)2, das Mangan(II)-Ion die Struktur 2.8.(8,5)$^{2+}$. Letztere Anordnung ist wegen der Halbbesetzung des 3d-Niveaus zwar auffallend, entspricht aber keiner Edelgaskonfiguration. Die fünf 3d-Elektronen lassen sich —

formal — durch Oxidation nacheinander aus ihren Orbitalen entfernen oder jedenfalls zur Bindungsbildung heranziehen. Mangan läßt sich verhältnismäßig leicht in das symmetrische, einfach negativ geladene Permanganat-Ion überführen. Die Entstehung mehr kovalenter Bindungen dabei wird, in Übereinstimmung mit den Regeln nach *Fajans*, durch die kleinen Atomvolumina von Mangan und der übrigen Übergangselemente begünstigt. Diese Elemente liegen auf den Minimumstellen der Atomvolumenkurve, und der Zuwachs der Atomvolumina mit steigenden Atomgewichten innerhalb jeder Übergangsgruppe (Nebengruppe) ist bedeutend geringer als bei den Hauptgruppenelementen.

Übergangsmetalle und deren Verbindungen besitzen katalytische Eigenschaften. Dies läßt sich unter anderem dadurch erklären, daß der Katalysator aufgrund seiner leichten Valenzvariabilität mit den Reaktionspartnern intermediäre Verbindungen bildet. Nach erfolgter Reaktion spaltet sich die instabile Zwischenverbindung in das Reaktionsprodukt und den ursprünglichen Katalysator auf, der erneut wieder ins Reaktionsgeschehen eingreift.

Sowohl heteropolare als auch kovalente Verbindungen der Übergangselemente sind meist ausgeprägt farbig, während die Derivate der Hauptgruppenelemente zum größten Teil farblos sind. Die Farbeffekte kommen durch Absorption charakteristischer Wellenlängen aus dem einfallenden sichtbaren Licht zustande. Die dabei von den Verbindungen aufgenommene Quantenenergie entspricht der Energiedifferenz zweier in Frage kommender Orbitale. Da die Energiedifferenz zwischen zweitäußerster und äußerster Schale bei den Übergangselementen gering ist, reichen schon Quantenbeträge aus dem Spektralbereich des sichtbaren Gebiets aus. Bei größeren Energiedifferenzen liegen die Absorptionsbanden dementsprechend im energiereicheren ultravioletten Gebiet; die betreffenden Verbindungen sind dann farblos. Durch Absorption von Strahlungsenergie wird ein Atom in einen angeregten Zustand überführt; die einfallenden Lichtquanten mit spezifischer Frequenz bringen dabei Elektronen auf höhere Energieniveaus.

Die Metalle der Übergangsserie sind paramagnetisch, d. h. sie werden im Magnetfeld in Richtung größter Feldliniendichte orientiert. Diese

Eigenschaft ist im wesentlichen auf ungepaarte Elektronenspins zurückzuführen, wie sie bei den Übergangselementen meist vorhanden sind.
Auch die zugehörigen Verbindungen können paramagnetisch sein.
Durch magnetische Messungen lassen sich somit wertvolle Hinweise auf
die Elektronenanordnungen gewinnen.

Wie schon erwähnt, besitzen einfache Ionen der Übergangselemente
keine Edelgaskonfiguration. Außerdem sind sie unter oxidierenden
Bedingungen nicht sehr stabil. Die Beständigkeit intermediärer Oxidationsstufen in einfachen kovalenten Verbindungen [vgl. Mn(IV) mit
der Elektronenkonfiguration 2.8.(8,3)8] ist ebenfalls gering, kann
jedoch durch Komplexbildung, die innerhalb der Übergangsserie bevorzugt wird, beachtlich erhöht werden. Dieses Verhalten ist nicht so
typisch, wie die zuvor besprochenen Eigenschaften; man findet es auch
bei Hauptgruppenelementen, insbesondere bei jenen mit schwacher
Elektropositivität.

Die zweite Langperiode des Periodensystems baut sich nach denselben
Prinzipien wie die erste auf. Zunächst wird das 5s-Orbital, anschließend
werden die fünf 4d-Orbitale besetzt. Das Silberatom im Grundzustand
hat analoge Elektronenkonfiguration wie Kupfer; im 5s-Orbital befindet sich nur ein Elektron, und das Element ist deswegen vorwiegend
einwertig. Die Besetzung der beiden äußeren Niveaus entspricht hier
der Anordnung (2,6,10)1, d. h. die vierte Schale ist mit 18 Elektronen
gefüllt (vgl. Kupfer). Andere leichtere Elemente dieser Periode lassen
sich einfacher in ihre maximalen Wertigkeitsstufen (Gruppenwertigkeit) überführen (z. B. Zr, Nb, Mo) als die korrespondierenden Metalle
der ersten Langperiode, weil sich Elektronen energetisch leichter aus
4d- als aus 3d-Orbitalen entfernen lassen. Das besetzte d-Niveau bei
Silber entspricht einer sehr stabilen Konfiguration. Deshalb zeigt das
Metall, selbst gegenüber stärksten Oxidationsmitteln wie Fluor, eine
beachtliche Resistenz. Es unterscheidet sich darin deutlich sowohl von
Kupfer als auch den übrigen Metallen der zweiten Langperiode.

Das abschließende Element der zweiten Langperiode ist das Edelgas
Xenon. Seine Konfiguration ist 2.8.18.18.8. Der Einbau von 18 Elektronen im Verlauf dieser Periode erfolgt nach dem Schema 5s(2)
→ 4d(10)→ 5p(6). In der vierten Schale befinden sich 18 Elektronen.

Da ihre maximale und zugleich stabile Besetzung aber erst mit 32 Elektronen erreicht ist, können noch weitere 14 Elektronen eingebaut werden. Dies vollzieht sich in der dritten Langperiode.

Die dritte Langperiode beginnt mit der Besetzung des 6s-Orbitals (Cs und Ba). Anschließend wird ein Elektron in das 5d-Niveau eingebaut (La), und von hier an füllen sich die sieben 4f-Orbitale nacheinander[23] mit insgesamt 14 Elektronen. Da einige Orbitale der fünften und sechsten Schale bereits besetzt sind, bezeichnet man jene Elemente, bei denen die vierte Schale von 18 auf insgesamt 32 Elektronen ergänzt wird, als *Innere Übergangselemente.* Diese Metalle, die nach dem Element Lanthan auch *Lanthaniden* genannt werden, sind einander deshalb sehr ähnlich. Im Anschluß an die Lanthaniden, von Hafnium bis einschließlich Gold, erfolgt die Auffüllung der fünf 5d-Orbitale.[24] Die dritte Langperiode enthält demnach 32 Elemente, deren Schalenbesetzung — von einigen Unregelmäßigkeiten wiederum abgesehen — in der Reihenfolge $6s(2) \rightarrow 4f(14) \rightarrow 5d(10) \rightarrow 6p(6)$ verläuft.

Die vierte Langperiode ist unvollständig. Sie gleicht ihrem Aufbau nach der dritten Langperiode und enthält wie diese eine Serie von 14 *Inneren Übergangselementen,* die *Actiniden,* bei denen, analog zu den Lanthaniden, das 5f-Niveau nacheinander aufgefüllt wird. Die Actinidenreihe, zu der auch die Transurane zählen, ist wegen ihres strukturellen Aufbaus und ihrer engen Verwandtschaft zur Lanthanidenserie von besonderem theoretischen Interesse.

Alle bisher erwähnten Beobachtungen führen zu der Erkenntnis, daß die Übergangselemente im Periodensystem durchaus ihre berechtigten Plätze einnehmen. Dies wird insbesondere durch die moderne Quantenmechanik und den Elektronenaufbau der Elemente bestätigt. Umgekehrt werden durch diese Ergebnisse die große Leistungsfähigkeit der Elektronentheorie sowie überhaupt der Sinn einer periodischen Klassifizierung der Elemente bekräftigt.

---

[23] Anmerkung des Übersetzers: Auch hier wird die Kontinuität der Auffüllung teilweise durchbrochen (vgl. Elektronenkonfigurationstabelle am Ende des Buches).

[24] Anmerkung des Übersetzers: Abweichungen sind in der Elektronenkonfigurationstabelle am Ende des Buches ersichtlich.

8. Vorkommen der Elemente

Die Verbreitung der Elemente in der Erdkruste, hauptsächlich in Form bestimmter Mineralien, wird von zahlreichen Faktoren bestimmt, deren Kenntnis zu einer gewissen Systematik führt. So zählen relative Häufigkeit der Elemente, Reaktionsvermögen der Elemente, Löslichkeitsbeziehungen, Flüchtigkeit und relative Atomgrößen zu den wichtigsten Faktoren.

Die relative Häufigkeit wurde unter anderem von *V. Goldschmidt* abgeschätzt. Trägt man die Häufigkeit der Elemente in einem Diagramm in Abhängigkeit von ihren Ordnungszahlen auf, dann können aus den resultierenden Kurven gewisse Schlüsse gezogen werden. Die Häufigkeit hängt eng mit der Stabilität (im kernphysikalischen Sinne, z. B. gegenüber Einflüssen wie Beschuß mit beschleunigten Teilchen) der betreffenden Atome zusammen. Man erkennt, daß Elemente mit gerader Ordnungszahl häufiger vorkommen als solche mit ungerader. Schwere Elemente sind seltener als leichte. Lithium, Beryllium und Bor kommen weniger häufig vor als zu erwarten wäre. Andererseits steht Aluminium in der Häufigkeitstabelle an dritter Stelle. Das weitaus häufigste Element ist Sauerstoff. Deshalb ist zu vermuten, daß viele Elemente in der Natur als sauerstoffhaltige Verbindungen gefunden werden, was tatsächlich auch der Fall ist. Die Frage, weshalb z. B. kaum jodhaltige Verbindungen auftreten, ist dahingehend zu beantworten, daß für das Element obengenannte Bedingungen nicht optimal zutreffen.

Über die Art des Vorkommens entscheidet die chemische Reaktivität der Elemente (für die z. B. das Normalpotential, also die Stellung in der Elektrochemischen Spannungsreihe, oder die Elektronegativität als Maße stehen können). Stark elektropositive Elemente verbinden sich meist mit stark elektronegativen, schwächer elektropositive Elemente dagegen mit schwächer elektronegativen. Alkalimetalle findet man deshalb hauptsächlich als Chlorverbindungen, Erdalkalimetalle vorwiegend als Oxide, wobei allerdings die Oxide wegen ihrer starken Basizität sofort mit sauren Gasen Carbonate oder Sulfate bilden, also Produkte, die in der Natur in riesigen Mengen vorkommen. Metalloxide mit nur schwach basischen Eigenschaften findet man als solche; von denselben Metallen existieren auch Sulfide in teilweise ergiebigen Mengen. Reine Metalle in gediegener Form (Edelmetalle) sind selten.

Diese Art der Klassifizierung, für sich allein genommen, hat indessen ihre Grenzen. So läßt sich zunächst keine Antwort auf die Frage geben, weshalb das stark elektronegative Element Fluor nicht als Alkalimetallfluorid, sondern fast ausschließlich als Calciumfluorid vorkommt. Es existiert in der Natur zwar auch als Natriumfluorid, jedoch nur in Kombination mit Aluminiumfluorid in Form des Minerals Kryolith. Bei den Chloriden, Bromiden und Jodiden, die bekanntlich im Meerwasser enthalten sind oder aber durch Eintrocknung vorzeitiger Meere als große Salzlagerstätten anfielen, spielt die Wasserlöslichkeit eine dominierende Rolle. Man hätte sich vorstellen können, daß Meerwasser ebenso Alkalimetallfluoride enthielte. Das ist offenbar deshalb nicht der Fall, weil viele Fluoride wasserunlöslich sind. Von allen elektropositiven Elementen, die unlösliche Fluoride bilden, ist nun aber Calcium am weitesten verbreitet. Von besonderer Bedeutung für die Genese einzelner Mineralien oder Mineralgemische schließlich ist auch die gegenseitige Löslichkeit der Verbindungen im geschmolzenen Zustand. So lassen sich zahlreiche Doppelverbindungen sowie das gemeinsame Vorkommen mehrerer Mineralien oder Erze erklären.

Ein Faktor, der auf die Entstehung der Atmosphäre Einfluß nimmt, ist die Flüchtigkeit einzelner Elemente oder Verbindungen. Wasserstoff und Helium haben sich wegen ihrer extrem geringen Dichten dem Gravitationsfeld der Erde entzogen. Deshalb sind sie im kosmischen Bereich außerordentlich häufig, auf der Erde nur in vergleichsweise geringen Mengen anzutreffen. Das weit verbreitete und ergiebige Vorkommen von Carbonaten und Sulfaten ist auf die Flüchtigkeit saurer Dämpfe (CO_2, SO_2, SO_3), die, wie schon erwähnt, von den stark basischen Metalloxiden unter Bildung obiger Derivate abgefangen wurden, zurückzuführen. Elementarer Schwefel scheint durch Einwirkung von Schwefelwasserstoff auf Schwefeldioxid entstanden zu sein. Der geringe Dampfdruck sowie die Unlöslichkeit von Silikaten und Phosphaten sind bei der Mineralienverteilung von gewisser Bedeutung.

Die Größe von Atom- und Ionenradien prägt hauptsächlich den strukturellen Aufbau der Mineralien. Unter anderem ist sie bei der Mischkristallbildung (Isomorphie) sehr wichtig. Verwandte Elemente brauchen nicht gemeinsam vorzuliegen; falls sich entsprechende Verbindungen nicht isomorph vertreten lassen, findet man sie nicht zusammen in ein und derselben Lagerstätte. Nichtverwandte Elemente dagegen können am selben Fundort vorliegen, sofern sie annähernd übereinstimmende Atomradien besitzen. Dies ist bei den Übergangsmetallen oft der Fall. Das beste Beispiel hierfür bieten die Lanthaniden: Ihre auffallende Ähnlichkeit bei gleichzeitig geringfügiger Änderung der Ionenradien ist charakteristisch. Sie kommen neben Yttrium, Thorium und anderen Übergangselementen meist vergesellschaftet vor.

9. Radioaktivität und Kernstabilität

Die schweren Elemente des Periodensystems sind wegen ihrer Radioaktivität von besonderem Interesse. Man kennt nur sehr wenige natürlich vorkommende radioaktive Isotope, die leichter als Blei (Ordnungszahl 82) sind; als Beispiel sei ^{40}K erwähnt. Alle schwereren Elemente als Blei — Wismut, Ordnungszahl 83, ausgenommen — sind radioaktiv. Die Entdeckung der Radioaktivität führte zu unzähligen Problemen und fundamentalen Erkenntnissen. Sie erschloß ein Arbeitsgebiet, das sich erst in unserem Jahrhundert entwickelt hat und das auch heute noch intensiv erforscht wird und die Grundlage der modernen Atomtheorie darstellt.

Jedes radioaktive Element zerfällt nach eigener spezifischer Zerfallsrate, d. h. die pro Zeiteinheit zerfallende Menge ist in jedem Augenblick der noch vorhandenen Menge proportional. Dementsprechend nimmt die Geschwindigkeit einer radioaktiven Zerfallsreaktion mit der Zeit immer mehr ab und nähert sich asymptotisch dem Wert Null. Die Zeit, während der gerade die Hälfte einer radioaktiven Substanz zerfällt, bezeichnet man als Halbwertszeit. Beim natürlichen Zerfall werden zwei Wege eingeschlagen: aus dem Atomkern wird entweder ein α-Teilchen oder ein β-Teilchen geschleudert. Das α-Teilchen ist ein aus zwei Protonen und zwei Neutronen bestehender Heliumkern $^{4}_{2}He$, während das β-Teilchen ein beim Übergang

$$\text{Neutron} \rightarrow \text{Proton} + \text{Elektron}$$
$$^{1}_{0}n \rightarrow \quad ^{1}_{+1}p \quad + ^{0}_{-1}e$$

entstehendes Elektron darstellt.

Russel, Soddy und *Fajans* erkannten, daß bei radioaktiven Umwandlungen eine gesetzmäßig eintretende Verschiebung der Elemente innerhalb des Periodensystems erfolgt, und formulierten dies in ihrem *Radioaktiven Verschiebungssatz*. Bei der Aussendung von α-Teilchen wird der Kern um 4 Masseneinheiten leichter, und das Element nimmt eine um 2 Einheiten niedrigere Ordnungszahl an. Andererseits führt die Emission eines β-Teilchens zu einem Atom derselben Masse, aber mit einer um eine Einheit erhöhten Ordnungszahl. Wenn ein Atom zuerst ein α-Partikel und anschließend zwei β-Teilchen emittiert, erhält man ein um 4 Masseneinheiten leichteres Isotop[25] des ursprünglichen Elements, d. h. die Ordnungszahl bleibt konstant. Diese Reaktion war das erste Beispiel einer Isotopenbildung.

Um zu begründen, weshalb einige Elemente spontan zerfallen, verglich man die stabilen Isotope mit den radioaktiven Elementen. Dabei ließen sich einige Gesetzmäßigkeiten bezüglich der Kernstabilität ableiten:

1. Das Verhältnis Neutronen zu Protonen ist nie kleiner als 1, ausgenommen bei Wasserstoff, der überhaupt keine Neutronen enthält. Bei den Elementen mit den Ordnungszahlen 2 bis 20 beträgt das Verhältnis ungefähr 1, während es bei schwereren Atomen progressiv zunimmt und bei Blei (Ordnungszahl 82) schließlich den Wert 1,5 erreicht.

2. Elemente mit gerader Ordnungszahl sind häufiger und bilden mehr Isotope als solche mit ungerader Ordnungszahl. Das Isotopenverhältnis geradzahliger zu ungeradzahligen nichtradioaktiven Elementen beträgt 220/60. Nuklide mit einer geraden Anzahl an Neutronen sind häufiger, als jene mit ungerader Neutronenzahl. Bei den allermeisten gängigen Elementen ist die Zahl sowohl der Neutronen als auch der Protonen gerade. So enthalten z. B. Sauerstoff 8 Protonen und 8 Neutronen (8 + 8), Silicium enthält (14 + 14), Calcium (20 + 20), Eisen (26 + 30) und Magnesium (12 + 12). Nuklide mit ungerader Protonen- und Neutronenzahl sind selten; als Beispiele seien Deuterium

[25] Anmerkung des Übersetzers: *Isotope* sind Elemente mit gleicher Ordnungszahl, aber verschiedener Massenzahl. *Isobare* sind Elemente mit gleicher Massenzahl, aber verschiedener Ordnungszahl. Die verschiedenen Atomarten, die sich durch ihre Ordnungszahl *oder* Massenzahl voneinander unterscheiden, bezeichnet man allgemein als *Nuklide*.

(1 + 1), Lithium-6 (3 + 3), Bor-10 (5 + 5) und Stickstoff-14 (7 + 7) erwähnt, von denen allerdings ^{14}N zu den häufig vorkommenden Elementen gehört.

3. Die beiden genannten Regeln gelten auch für radioaktive Elemente. Sie lassen sich demnach auf alle Nuklide anwenden. Ob ein Nuklid radioaktiv ist, hängt in erster Linie von der Kernladungszahl (Protonenzahl) ab. Bei höheren Kernladungszahlen als 82 führen Abstoßungskräfte zwischen den Protonen, unabhängig von der Neutronenzahl, zum Kernzerfall. Radioaktive Elemente mit kleinem Neutron/Proton-Quotienten sind α-Strahler, während jene mit höherem Neutron/Proton-Verhältnis β-Teilchen emittieren. Der Neutron/Proton-Quotient wird durch α-Strahlung erhöht, durch β-Strahlung erniedrigt.

Künstliche radioaktive Elemente sind sehr oft β-Strahler. Sie haben meist einen hohen Neutron/Proton-Quotienten und werden durch Neutronenabsorption oder Kernspaltung gewonnen.

Neben der α- und β-Strahlung tritt häufig noch eine energiereiche Begleitstrahlung, die γ-Strahlung auf. Sie ist eine äußerst kurzwellige elektromagnetische Schwingung und entspricht im Bereich der Chemie der bei exothermen Reaktionen abgegebenen Wärme. Spontane Kernzerfälle können formell mit exothermen Reaktionen verglichen werden, da die Prozesse ohne Energiezufuhr von selbst ablaufen.

10. Anhang

10.1. Vergleichende Übersicht über einige Chloride

Die folgende Tabelle[26] enthält außer den Schmelzpunkten Werte der Äquivalentleitfähigkeit (in Klammer) geschmolzener Chloride.

LiCl 610 °C (166)	$BeCl_2$ 404 °C (0,086)	BCl_3 — 107 °C (0)	CCl_4 — 23 °C (0)	—
NaCl 803 °C (133)	$MgCl_2$ 715 °C (29)	$AlCl_3$ 183 °C (subl.) $(1,5 \cdot 10^{-5})$	$SiCl_4$ — 70 °C (0)	PCl_5 148 °C (0)
KCl 772 °C (103)	$CaCl_2$ 782 °C (52)	$ScCl_3$ 960 °C (15)	$TiCl_4$ — 23 °C (0)	—
RbCl 717 °C (78)	$SrCl_2$ 875 °C (56)	YCl_3 700 °C (9,5)	$ZrCl_4$ 335 °C (subl.) (—)	$NbCl_5$ 204 °C $(2 \cdot 10^{-7})$
CsCl 645 °C (67)	$BaCl_2$ 960 °C (65)	$LaCl_3$ 870 °C (29)	$HfCl_4$ 317 °C (subl.) (—)	$TaCl_5$ 216 °C $(3 \cdot 10^{-7})$

[26] Anmerkung des Übersetzers: Die Daten dieser und aller folgenden Tabellen sollen vergleichenden Betrachtungen dienen. Die gewonnenen Aussagen haben lediglich den Charakter von Faustregeln.

Heteropolare Chloride schmelzen oberhalb, homöopolare Chloride unterhalb 500 °C. Diese Temperatur kann als ungefährer Richtwert betrachtet werden, der durch die Äquivalentleitfähigkeit der Schmelzen bestätigt wird. Die Trennlinie zwischen beiden Klassen verläuft diagonal und läßt sich mit Hilfe der Regeln nach *Fajans* einfach interpretieren.

10.2. Physikalische Daten

Der gesetzmäßige Aufbau des Periodensystems läßt sich aufgrund des chemischen Verhaltens der Elemente und ihrer Verbindungen erkennen und beweisen. Er wird außerdem durch physikalische Daten, die mit Hilfe verschiedener Methoden gewonnen werden und deshalb oft kleine Abweichungen zeigen, bestätigt und ergänzt.

Gruppe I A

	Li	Na	K	Rb	Cs
Ordnungszahl	3	11	19	37	55
Atomgewicht	6,94	22,992	39,102	85,48	132,92
Elektronen-anordnung	2.1	2.8.1	2.8.8.1	2.8.18.8.1	2.8.18.18.8.1
Dichte [g · cm^{-3}]	0,53	0,97	0,86	1,53	1,90
Schmelzpunkt [°C]	180	98	63	39	28,5
Siedepunkt [°C]	1330	890	760	700	685
Atomvolumen [cm^3/Gramm-atom]	13	23,5	45,4	55,8	70
Atomradius [Å]	1,34	1,54	1,96	2,11	2,25
Ionenradius [Å]	0,6	0,95	1,33	1,48	1,69
Ionenbeweglichkeit [cm^2 · Ω^{-1}]	33,5	43,4	64,6	67,3	68
Salze in Hydrat-form (Prozent)	76	74	23	3	3
Ionisationspoten-tial [eV] des gasförmigen Elements	5,36	5,14	4,34	4,18	3,89

So ändern sich z. B. die Schmelz- und Siedepunkte der Alkalimetalle in bestimmter Abfolge: sie nehmen mit größer werdenden Atomradien von Lithium zu Cäsium hin ab. Demnach verkleinern sich in derselben Richtung die interatomaren Wechselwirkungskräfte. Mit zunehmendem Atomradius wird die Abspaltung des Valenzelektrons ($M \rightarrow M^+$) begünstigt. Diese Aussage (vgl. zweite Regel nach *Fajans*) läßt sich anhand der Ionisationspotentiale für den gasförmigen Zustand messend verfolgen. Die Hydratationsenergien und somit die Anzahl der beständigen Salzhydrate nehmen mit größer werdenden Ionenradien ab. Das Lithiumion, Li^+, ist sehr stark hydratisiert und besitzt deshalb (wie Na^+) in wäßriger Lösung wegen seiner großen Hydrathülle eine viel kleinere Ionenbeweglichkeit als K^+. Die Ionenbeweglichkeiten von K^+, Rb^+ und Cs^+ sind ungefähr gleich groß, weil sich die Volumenunterschiede der nichthydratisierten Ionen durch Hydratation ungefähr kompensieren.

Gruppe I B

	Cu	Ag	Au
Ordnungszahl	29	47	79
Atomgewicht	63,54	107,88	197,0
Elektronenanordnung	2.8.18.1	2.8.18.18.1	2.8.18.32.18.1
Dichte [g · cm^{-3}]	8,92	10,50	19,3
Schmelzpunkt [°C]	1083	960	1063
Siedepunkt [°C]	2580	2180	2700
Atomvolumen [cm^3/Gramm-atom]	7,1	10,3	10,2
Atomradius [Å]	1,17	1,34	1,34
Ionenradius [Å]	0,96	1,26	(1,37)
Ionenbeweglichkeit [cm^2 · Ω^{-1}]	—	54	—
Ionisationspotential [eV] des gasförmigen Elements	7,72	7,57	9,22

Die erste Nebengruppe enthält Metalle mit relativ hohen Dichten. Gold und Silber haben annähernd gleiche Atomradien, während Kupferatome geringfügig kleiner sind. Die Ionisation der Atome ($M \rightarrow M^+$) ist wegen der verhältnismäßig kleinen Atomradien erschwert. Deshalb sind die Elektropositivitäten dieser Metalle vergleichsweise gering und nehmen sogar mit steigendem Atomgewicht ab, wie indirekt aus den Ionisationspotentialen folgt.

Die Unterschiede zwischen Atom- und Ionenradien sind hier, im Gegensatz zu den Alkalimetallen, deutlich geringer. Kupfer(II)-Ionen neigen zu starker Hydratation, während Silber(I)-Ionen keine Wassermolekeln anlagern. Diese beiden Ionen können allerdings kaum miteinander verglichen werden, da sie verschiedene Ladungen tragen.

Gruppe II A

	Be	Mg	Ca	Sr	Ba
Ordnungszahl	4	12	20	38	56
Atomgewicht	9,012	24,31	40,08	87,62	137,34
Elektronenanordnung	2.2	2.8.2	2.8.8.2	2.8.18.8.2	2.8.18.18.8.2
Dichte [$g \cdot cm^{-3}$]	1,86	1,75	1,55	2,6	3,6
Schmelzpunkt [°C]	1280	650	850	800	850
Siedepunkt [°C]	1500	1110	1440	1370	1540
Atomvolumen [cm^3/Grammatom]	4,85	14,0	26,1	34,0	38,3
Atomradius [Å]	0,89	1,36	1,74	1,91	1,98
Ionenradius [Å]	0,31	0,65	0,99	1,13	1,35
Ionenbeweglichkeit [$cm^2 \cdot \Omega^{-1}$]	30	55,5	59,8	59,8	64,2
Salze in Hydratform (Prozent)	80	88	76	78	61
Ionisationspotential [eV] des gasförmigen Elements	18,21	15,03	11,87	10,98	9,95

Die beiden Tabellen für die Elemente der zweiten Haupt- bzw. Nebengruppe zeigen, daß sich Beryllium von den Erdalkalien abhebt und gewisse Ähnlichkeit mit Zink besitzt. Dies ist im wesentlichen darauf

Gruppe II B

	Be	Zn	Cd	Hg
Ordnungszahl	4	30	48	80
Atomgewicht	9,012	65,37	112,4	200,59
Elektronenanordnung	2.2	2.8.18.2	2.8.18.18.2	2.8.18.32.18.2
Dichte [g · cm^{-3}]	1,86	7,1	8,6	13,6
Schmelzpunkt [°C]	1280	419	321	— 39
Siedepunkt [°C]	1500	910	770	357
Atomvolumen [cm^3/Grammatom]	4,85	9,2	13,0	14,0
Atomradius [Å]	0,89	1,25	1,41	1,44
Ionenradius [Å]	0,31	0,74	0,97	1,10
Salze in Hydratform (Prozent)	80	100	85	4
Ionisationspotential [eV] des gasförmigen Elements	18,21	17,89	16,84	18,65

zurückzuführen, daß Zink ein deutlich geringeres Atomvolumen als das spezifisch viel leichtere Magnesium hat. Aus dieser Differenz lassen sich außerdem auch die Basizitätsunterschiede zwischen dem schwach basischen Zink- und Berylliumoxid einerseits und dem stärker basischen Magnesiumoxid andererseits erklären.

Magnesium ist mit Calcium, Strontium und Barium verwandt, und die gegenseitigen Unterschiede dieser Elemente zeigen eine gewisse Parallelität zu den Alkalimetallen. So nimmt die Ionenbeweglichkeit, wenn auch weniger schrittweise ausgeprägt, von Magnesium zu Barium hin zu, weil das Hydratationsvermögen der Erdalkalimetall-Ionen in derselben Richtung abnimmt. Bariumsalze sind weniger hydratisiert als Calciumsalze und zerfließen nur selten an Luft.

Gruppe III A

	B	Al	Ga	In	Tl
Ordnungszahl	5	13	31	49	81
Atomgewicht	10,811	26,982	69,72	114,82	204,37
Elektronen-anordnung	2.3	2.8.3	2.8.18.3	2.8.18.18.3	2.8.18.32.18.3
Dichte [g · cm^{-3}]	2,4	2,7	5,93	7,29	11,85
Schmelzpunkt [°C]	2300	660	29,8	156	449
Siedepunkt [°C]	2550	2500	2070	2100	1390
Atomvolumen [cm³/Grammatom]	4,4	10,0	11,8	15,7	17,25
Atomradius [Å]	0,80	1,25	1,25	1,50	1,55
Ionenradius [Å]	—	0,50	0,62	0,81	0,95
(Erstes) Ionisa-tionspotential [eV]	8,3	5,95	6,0	5,8	6,1
(Zweites) Ionisa-tionspotential [eV] des gasförmigen Elements	37,92	28,44	30,6	27,9	29,7

Gruppe III B

	Al	Sc	Y	La	Ac
Ordnungszahl	13	21	39	57	89
Atomgewicht	26,982	44,956	88,905	138,91	227
Elektronen-anordnung	2.8.3	2.8.9.2	2.8.18.9.2	2.8.18.18.9.2	2.8.18.32.18.9.2.
Dichte [g · cm^{-3}]	2,7	2,5	5,5	6,2	—
Schmelzpunkt [°C]	660	1420	1500	920	—
Siedepunkt [°C]	2500	2480	3200	3300	—
Atomvolumen [cm³/Grammatom]	10,0	18,0	16,2	22,4	—
Atomradius [Å]	1,25	1,44	1,62	1,69	—
Ionenradius [Å]	0,50	0,68	0,90	1,06	1,11
(Drittes) Ionisa-tionspotential [eV] des gasförmigen Elements	28,44	24,8	20,5	19,17	—

Die Gruppe III A enthält einige Elemente, die sowohl dreiwertig als auch einwertig vorkommen können. Dies ist auf die Existenz eines inerten Elektronenpaars zurückzuführen. Der Effekt ist ganz besonders bei Thallium ausgeprägt.

Gruppe IV A

	C	Si	Ge	Sn	Pb
Ordnungszahl	6	14	32	50	82
Atomgewicht	12,011	28,086	72,59	118,69	207,19
Elektronen-anordnung	2.4	2.8.4	2.8.18.4	2.8.18.18.4	2.8.18.32.18.4
Dichte [g · cm^{-3}]	3,5*) 2,25**)	2,49	5,36	7,3	11,3
Schmelzpunkt [°C]	3500	1400	960	230	327
Siedepunkt [°C]	—	2300	2700	2360	1750
Atomvolumen [cm³/Grammatom]	3,4*) 5,3**)	11,4	13,6	16,2	18,3
Atomradius [Å]	0,77	1,17	1,22	1,41	1,54
Ionenradius (M^{2+}) [Å]	—	—	—	—	1,32
(Zweites) Ionisa-tionspotential [eV]	—	—	15,86	14,5	14,96

*) Diamant   **) Graphit

Auch in Gruppe IVA wirkt sich der Einfluß des inerten Elektronenpaars aus, insbesondere bei den Elementen Zinn und Blei.

Gruppe IV B

	Ti	Zr	Hf
Ordnungszahl	22	40	72
Atomgewicht	47,90	91,22	178,49
Elektronenanordnung	2.8.10.2	2.8.18.10.2	2.8.18.32.10.2
Dichte [g · cm^{-3}]	4,50	6,53	13,07
Schmelzpunkt [°C]	1 725	1 860	2 200

Fortsetzung Tabelle Gruppe IV B

	Ti	Zr	Hf
Siedepunkt [°C]	3 260	4 750	—
Atomvolumen [cm³/Grammatom]	10,64	14,0	13,7
Atomradius [Å]	1,32	1,45	1,44
(Viertes) Ionisationspotential [eV] des gasförmigen Elements	43,24	33,8	—

Bei den Elementen der vierten und aller höheren Gruppen ist es nicht mehr sinnvoll, Ionenradien anzugeben, da solch hochgeladene Ionen äußerst selten, meist aber gar nicht mehr beständig sind. Die großen Ionisationspotentiale, bezogen auf die Abspaltung des vierten Valenzelektrons, weisen in diesem Fall deutlich auf die geringe Stabilität von Me^{4+}-Ionen hin.

Zirkon und Hafnium haben fast gleiche Atomvolumina und Atomradien, eine Folgeerscheinung der Lanthanidenkontraktion.

Gruppe V A

	N	P	As	Sb	Bi
Ordnungszahl	7	15	33	51	83
Atomgewicht	14,0067	30,974	74,922	121,75	208,98
Elektronenanordnung	2.5	2.8.5	2.8.18.5	2.8.18.18.5	2.8.18.32.18.5
Dichte [g · cm⁻³]	1,03	1,83	5,7	6,6	9,8
Schmelzpunkt [°C]	— 210	16,96	(subl.)	630	270
Siedepunkt [°C]	— 196	287	616	1440	1420
Atomvolumen [cm³/Grammatom]	13,65	16,96	13,3	18,5	21,3
Atomradius [Å]	0,74	1,1	1,21	1,41	1,52
Ionenradius (M^{3+}) [Å]	—	—	—	0,90	1,20
Elektronegativität	3,0	2,1	2,0	1,8	1,8

Die Elektronegativitätsdaten wurden von *Pauling* eingeführt und enthalten einige willkürliche Festsetzungen. Sie bilden ein Maß für das Vermögen der verschiedenen Arten von Atomen, Elektronen (in Bindungen) an sich heranzuziehen (vgl. S. 96). Aus den oben aufgeführten Werten ist zu entnehmen, daß die Elektronegativität mit steigenden Ordnungszahlen abnimmt. Dementsprechend vergrößert sich die Elektropositivität im gleichen Sinn. Arsen, Antimon und Wismut haben je ein inertes Elektronenpaar und sind deshalb neben ihrer Maximalwertigkeit dreiwertig.

Gruppe V B

	V	Nb	Ta
Ordnungszahl	23	41	73
Atomgewicht	50,942	92,906	180,948
Elektronenanordnung	2.8.11.2	2.8.18.12.1	2.8.18.32.11.2
Dichte [g · cm^{-3}]	5,96	8,4	16,6
Schmelzpunkt [°C]	1700	2400	2850
Atomvolumen [cm³/Grammatom]	8,4	10,8	10,9
Atomradius [Å]	1,22	1,34	1,34

Die Siedepunkte dieser Metalle liegen sehr hoch, und ihre Werte sind immer noch mit einiger Unsicherheit behaftet. Wie in Gruppe IVB gleicht auch hier das zweite dem dritten Element bezüglich Atomgröße und chemischer Eigenschaft. Diesen durch die Lanthanidenkontraktion bewirkten Effekt findet man allgemein bei den entsprechenden Übergangsmetallen.

Gruppe VI A

	O	S	Se	Te	Po
Ordnungszahl	8	16	34	52	84
Atomgewicht	15,9994	32,064	78,96	127,60	210
Elektronen-anordnung	2.6	2.8.6	2.8.18.6	2.8.18.18.6	2.8.18.32.18.6
Dichte [g · cm^{-3}]	1,27	2,06	4,8	6,2	9,5
Schmelzpunkt [°C]	— 219	115	217	450	250
Siedepunkt [°C]	— 183	445	685	1400	960
Atomvolumen (cm^3/Grammatom)	12,6	15,6	16,5	20,2	22,2
Atomradius [Å]	0,74	1,04	1,17	1,37	1,64
Ionenradius (M^{2-}) [Å]	1,40	1,85	1,98	2,21	—
Elektronegativität	3,5	2,5	2,4	2,1	—

Im Vergleich zu Gruppe V A liegen hier größere Elektronenegativitäts-werte vor, die aber ebenfalls mit steigender Ordnungszahl abnehmen. Die Elemente sind zur Ausbildung einfacher Anionen, die sehr viel größere Volumina haben als die neutralen Atome, in der Lage.

Gruppe VI B

	Cr	Mo	W
Ordnungszahl	24	42	74
Atomgewicht	51,996	95,94	183,85
Elektronenanordnung	2.8.13.1	2.8.18.13.1	2.8.18.32.12.2
Dichte [g · cm^{-3}]	7,1	10,4	19,3
Schmelzpunkt [°C]	1920	2600	3400
Atomvolumen [cm^3/Grammatom]	7,3	9,4	9,5
Atomradius [Å]	1,17	1,29	1,30

Die Siedepunkte dieser Elemente liegen ebenfalls sehr hoch. Schmelz-und Siedepunkte erreichen allgemein bei den mittleren Übergangselementen jeder Periode ihre Maximalwerte (Gruppe V und VI). Die Atome sind klein und sehr dicht gepackt.

Gruppe VII A

	F	Cl	Br	J
Ordnungszahl	9	17	35	53
Atomgewicht	18,998	35,453	79,909	126,904
Elektronenanordnung	2.7	2.8.7	2.8.18.7	2.8.18.18.7
Dichte [g $\cdot$ cm^{-3}]	1,11	1,56	3,12	4,93
Schmelzpunkt [°C]	— 233	— 102	— 7	113
Siedepunkt [°C]	— 188	— 35	59	183
Atomradius [Å] [cm³/Grammatom]	17,1	18,7	23,5	25,7
Atomradius	0,72	0,99	1,14	1,33
Ionenradius (M^{2-}) [Å]	1,36	1,81	1,95	2,16
Ionenbeweglichkeit [cm² $\cdot$ Ω^{-1}]	46,6	65,5	67,6	66,5
Elektronegativität	4,0	3,0	2,8	2,5

Wie die Daten zeigen, liegen in den Gruppen VI A und VII A ähnliche Beziehungen vor, wobei allerdings die Halogene elektronegativer sind.

Gruppe VII B

	Mn	Tc	Re
Ordnungszahl	25	43	75
Atomgewicht	54,938	99	186,2
Elektronenanordnung	2.8.13.2	2.8.18.13.2	2.8.18.32.13.2
Dichte [g $\cdot$ cm^{-3}]	7,4	11,5	20,5
Schmelzpunkt [° C]	1260	—	3170
Atomvolumen [cm³/Grammatom]	7,4	8,6	8,8
Atomradius [Å]	1,17	—	1,28

Gruppe VIII

	Fe	Co	Ni
Ordnungszahl	26	27	28
Atomgewicht	55,847	58,933	58,71
Elektronenanordnung	2.8.14.2	2.8.15.2	2.8.16.2
Dichte [g · cm^{-3}]	7,9	8,7	8,9
Schmelzpunkt [°C]	1535	1480	1450
Siedepunkt [°C]	2890	2880	2840
Atomvolumen [cm³/Grammatom]	7,1	6,7	6,7
Atomradius [Å]	1,16	1,16	1,15
Ionenradius (M^{2+}) [Å]	0,83	0,82	0,78

Gruppe VIII (Forts.)

	Ru	Os	Rh	Ir	Pd	Pt
Ordnungszahl	44	76	45	77	46	78
Atomgewicht	101,07	190,2	102,91	194,2	106,4	195,09
Elektronen- anordnung	2.8.18.15.1	2.8.18.32.14.2	2.8.18.16.1	2.8.18.32.15.2	2.8.18.18	2.8.18.32.17.1
Dichte [g·cm^{-3}]	12,2	22,5	12,4	22,4	11,9	21,4
Schmelzpunkt [°C]	2500	2700	1970	2450	1560	1770
Atomvolumen [cm³/Gramm- atom]	8,6	8,5	8,8	8,6	9,0	9,1
Atomradius [Å]	1,24	1,26	1,25	1,26	1,28	1,29

Auch diese 6 Elemente haben ganz ähnliche physikalische Eigenschaften, wobei die annähernd gleichen Atomgrößen besonders auffallen. Elektronen lassen sich von den kleinen Atomen nur schwierig abspalten, und die Verbindungen der Platinmetalle sind deshalb vorwiegend homöopolar.

Gruppe 0

	He	Ne	Ar	Kr	Xe	Rn
Ordnungszahl	2	10	18	36	54	86
Atomgewicht	4,003	20,183	39,944	83,80	131,30	222
Elektronen-anordnung	2	2.8	2.8.8	2.8.18.8	2.8.18.18.8	2.8.18.32.18.8
Schmelzpunkt [K]	—	24	84	116	161	202
Siedepunkt [K]	4,2	27	87	121	164	211
Atomradius [Å]	1,2	1,6	1,9	2,0	2,2	—
(Erstes) Ionisa-tionspotential [eV]	24,5	21,5	15,7	13,9	12,1	10,7

Zur folgenden Tabelle:

Elektronenkonfiguration der Atome im Grundzustand, nach *J. A. Campbell,
Chemical Systems — Energetics, Dynamics, Structure,* S. 108/109, W. H.
Freeman & Co., San Francisco 1970, mit freundlicher Genehmigung des
Verlags (deutsche Übersetzung: J. A. Campbell, Allgemeine Chemie. Verlag
Chemie, Weinheim 1975). — Einige Konfigurationen sind auf Grund neuerer
Verlautbarungen des Natl. Bureau of Standards, Washington, geändert
worden, doch sind die Zuordnungen bei manchen Elementen noch unsicher,
insbesondere bei den mit [+] bezeichneten. Man beachte folgende Besonder-
heiten: Bei einigen Elementen werden ein bzw. beide s-Elektronen der
Valenzschale in d-Orbitale der zweitäußersten Schale eingebaut (□); bei
einer Reihe anderer tauschen Elektronen zwischen einem f-Orbital und dem
weiter außen gelegenen d-Orbital aus (○).

10.3. Die Elemente und ihre Elektronenkonfigurationen

Ordnungszahl	Element	K 1s	L 2s	L 2p	M 3s	M 3p	M 3d	N 4s	N 4p	N 4d	N 4f	O 5s	O 5p	O 5d	O 5f	P 6s	P 6p	P 6d	Q 7s
1	H	1																	
2	He	2																	
3	Li	2	1																
4	Be	2	2																
5	B	2	2	1															
6	C	2	2	2															
7	N	2	2	3															
8	O	2	2	4															
9	F	2	2	5															
10	Ne	2	2	6															
11	Na	2	2	6	1														
12	Mg				2														
13	Al				2	1													
14	Si	Neon-	Konfigu-	ration	2	2													
15	P				2	3													
16	S				2	4													
17	Cl				2	5													
18	Ar				2	6													
19	K	2	2	6	2	6		1											
20	Ca							2											
21	Sc						1	2											
22	Ti						2	2											
23	V						3	2											
24	Cr						5	1											
25	Mn						5	2											
26	Fe	Argon-	Konfiguration				6	2											
27	Co						7	2											
28	Ni						8	2											
29	Cu						10	1											
30	Zn						10	2											
31	Ga						10	2	1										
32	Ge						10	2	2										
33	As						10	2	3										
34	Se						10	2	4										
35	Br						10	2	5										
36	Kr						10	2	6										
37	Rb	2	2	6	2	6	10	2	6			1							
38	Sr											2							
39	Y									1		2							
40	Zr									2		2							
41	Nb									4		1							
42	Mo									5		1							
43	Tc									5		2							
44	Ru									7		1							
45	Rh									8		1							
46	Pd	Krypton-	Konfiguration							10		0							
47	Ag									10		1							
48	Cd									10		2							
49	In									10		2	1						
50	Sn									10		2	2						
51	Sb									10		2	3						
52	Te									10		2	4						
53	I									10		2	5						
54	Xe									10		2	6						

Ord-nungs-zahl	Element	K 1s	L 2s	L 2p	M 3s	M 3p	M 3d	N 4s	N 4p	N 4d	N 4f	O 5s	O 5p	O 5d	O 5f	P 6s	P 6p	P 6d	Q 7s
55	Cs	2	2	6	2	6	10	2	6	10		2	6			1			
56	Ba															2			
57	La													①		2			
58	Ce										1			①		2			
59	Pr										3			0		2			
60	Nd										4			0		2			
61	Pm										5			0		2			
62	Sm										6			0		2			
63	Eu										7			0		2			
64	Gd										7			①		2			
65	Tb										9			0		2			
66	Dy										10			0		2			
67	Ho										11			0		2			
68	Er										12			0		2			
69	Tm					Xenon-					13			0		2			
70	Yb					Konfiguration					14			0		2			
71	Lu										14			1		2			
72	Hf										14			2		2			
73	Ta										14			3		2			
74	W										14			4		2			
75	Re										14			5		2			
76	Os										14			6		2			
77	Ir										14			7		2			
78	Pt										14			9		[1]			
79	Au										14			10		[1]			
80	Hg										14			10		2			
81	Tl										14			10		2	1		
82	Pb										14			10		2	2		
83	Bi										14			10		2	3		
84	Po										14			10		2	4		
85	At										14			10		2	5		
86	Rn										14			10		2	6		
87	Fr	2	2	6	2	6	10	2	6	10	14	?	6	10		?	6		1
88	Ra																		2
89	Ac																	①	2
90	Th																	②	2
91	Pa														2			①	2
92	U														3			①	2
93	Np														4			①	2
94	Pu														6			0	2
95	Am														7			0	2
96	Cm					Radon-									7			①	2
97	Bk*					Konfiguration									8			①	2
98	Cf*														10			0	2
99	Es														11			0	2
100	Fm														12			0	2
101	Md														13			0	2
102	No														14			0	2
103	Lr														14			1	2
104	Ku(?)														14			2	2

Register

| | | s-E | p-Elemente | | | | | |

Periode (Außen-schale)	IA	IIIA	IVA	VA	VIA	VIIA	0
K 1 $1s$	1 H					1 H	2 He
L 2 $2s2p$	3 L.	5 B	6 C	7 N	8 O	9 F	10 Ne
M 3 $3s3p$	11 N.	13 Al	14 Si	15 P	16 S	17 Cl	18 Ar
N 4 $4s3d$ $4p$	19 K	31 Ga	32 Ge	33 As	34 Se	35 Br	36 Kr
O 5 $5s4d$ $5p$	37 R.	49 In	50 Sn	51 Sb	52 Te	53 I	54 Xe
P 6 $6s$ $(4f)$ $5d$ $6p$	55 C.	81 Tl	82 Pb	83 Bi	84 Po	85 At	86 Rn
Q 7 $7s$ $(5f)$ $6d$	87 Fr						

*La	68 Er	69 Tm	70 Yb	71 Lu
**	100 Fm	101 Md	102 (No)	103 Lw

n B und A für die Haupt- und Neben-
VII auch vertauscht.